云南红河地区昆虫多样性

INSECT DIVERSITY IN HONGHE REGION YUNNAN PROVINCE

李　巧　卢志兴　陈又清　武建勇◎著

中国林業出版社
China Forestry Publishing House

图书在版编目（CIP）数据

云南红河地区昆虫多样性 / 李巧等著 . -- 北京 : 中国林业出版社 , 2021.12
ISBN 978-7-5219-1401-6

Ⅰ . ①云… Ⅱ . ①李… Ⅲ . ①昆虫－生物多样性－研究－红河县 Ⅳ . ① Q968.227.44

中国版本图书馆 CIP 数据核字 (2021) 第 219165 号

责任编辑 于界芬　于晓文　贺晓锋　　　**电话** （010）83143549

出版发行 中国林业出版社有限公司（100009 北京西城区德内大街刘海胡同 7 号）
网　　址 http://www.forestry.gov.cn/lycb.html
印　　刷 北京博海升彩色印刷有限公司
版　　次 2022 年 3 月第 1 版
印　　次 2022 年 3 月第 1 次印刷
开　　本 787mm × 1092mm　1/16
印　　张 10　　　彩插 64 面
字　　数 242 千字
定　　价 88.00 元

前言

红河地区（红河哈尼族彝族自治州，简称红河州），位于云南省南部，地处低纬度亚热带高原型湿润季风气候区，北回归线横贯东西，境内地形复杂，高差悬殊，既有海拔 3074.7 米的高峰，也有海拔 76.4 米的河谷，在大气环流与错综复杂的地形条件下，气候类型多样，具有独特的高原型立体气候特征（属热带、亚热带立体气候），雨量充沛，形成了优异的自然环境，孕育着种类繁多、形态结构丰富的动植物资源，生物多样性极高，其综合性自然保护价值在国内是较为少有的。

红河地区建有黄连山、分水岭、大围山国家级自然保护区 3 个，元阳观音山、阿姆山、建水燕子洞白腰雨燕省级自然保护区 3 个。其中，大围山国家级自然保护区保护热带湿润雨林以及完整的热带山地森林生态系统，保护以苏铁、桫椤、望天树、龙脑香、伯乐树、毛坡垒等为代表的国家重点保护野生植物和多种兰科植物，以及以蜂猴、云豹、黑熊、黑冠长臂猿等为代表的国家重点保护野生动物。金平分水岭国家级自然保护区内有中国面积最大且保持完整的原始状态山地苔藓常绿阔叶林，主要保护对象为森林生态系统以及黑冠长臂猿、蜂猴等珍稀濒危物种。黄连山国家级自然保护区主要保护对象为热带季节雨林、山地雨林、湿性季风常绿阔叶林、山地苔藓常绿阔叶林为主的森林生态系统和绿春苏铁、白颊长臂猿、黑冠长臂猿、印支虎、马来熊等为代表的珍稀濒危物种及其栖息地生态环境。昆虫多样性约占全球生物多样性的一半，是生物多样性的重要组成部分。许多昆虫类群如鳞翅目蝶蛾类、鞘翅目步甲类、膜翅目蚂蚁及传粉昆虫等，多样性丰富，在生物多样性监测及评估中具有极其重要的作用。纵观历年来对红河地区各保护区的考察报告，以及国内外文献记载，红河地区昆虫多样性状况一直以来仅有零星的针对个别昆虫类群的报道，缺乏系统而全面的调查及评估。

我们有幸参加了生态环境部生物多样性调查、观测和评估项目（2019—2023年），负责组织实施河口、金平和绿春3县昆虫调查与评估。本书以此次对红河地区部分县市昆虫的系统调查为基础，与历史资料相结合，整理出红河地区昆虫名录，共计17目212科1409属2668种。这是首次对红河地区昆虫多样性的系统报道，记载云南省新纪录种14种，国家二级保护野生动物4种，近危物种7种。此外，本书附有红河地区部分已知昆虫物种图片，共计7目57科564种。本书的出版对摸清红河地区昆虫多样性家底具有现实意义。

本书的出版得到了云南省林业与草原局野生动植物保护处和自然保护地管理处、红河哈尼族彝族自治州林业与草原局、河口瑶族自治县林业与草原局、金平苗族瑶族傣族自治县林业与草原局、绿春县林业与草原局、大围山国家级自然保护区管护局河口分局、金平分水岭国家级自然保护区管护局、黄连山国家级自然保护区管护局等单位的大力支持，得到了莫明忠、周建力、阮守宇、张贵良、平艳梅、喻智勇、何疆海、张文祥、普付强、杨治国等及保护区管护站和林业和草原局林业站基层工作人员的帮助。同时，云南省林业高级技工学校王思铭老师，保山学院柳青博士，中国林业科学研究院高原林业研究所博士研究生王庆、张翔、高舒桐，西南林业大学硕士研究生于潇雨、燕迪、唐春英、郑美仙、岳晋玉、何卫强、林志文、杨龙昆、杨聪，以及本科生何雍婷、吴春、陈金玲、张燕婷、张丽萍、沈丹、文俊、赵建成、余欣欣等参与了外业调查或内业工作。西南林业大学韩联宪教授、罗旭教授、易传辉研究员、和秋菊副教授、张新民副教授、钱昱含副教授、段玉宝副教授、刘霞博士、熊忠平博士、赵宁博士等在项目实施过程中给予了帮助。本书的出版也得到了“生态环境部生物多样性调查、观测和评估”“西南林业大学野生动植物保护与利用学科建设”和中国林业科学研究院高原林业研究所环境昆虫研究室、云南省森林灾害预警与控制重点实验室等项目和单位的支持，在此，一并表示感谢！

由于工作量庞大，且能力有限，疏漏之处难免，请各位专家、学者及同行批评指正。

著　者

2021年10月

目录

第3章　红河地区不同生境昆虫群落多样性

第4章　红河地区昆虫多样性成因

第1章 红河地区昆虫概况

1.1 物种概况

红河地区缺乏系统的昆虫资源调查，现以本次调查数据结合历史资料，辑录昆虫物种 17 目 212 科 1409 属 2668 种（附录 1）。这可能与红河地区昆虫繁多种类相去甚远，现仅记于此，为今后进一步开展调查奠定基础。

科级水平上看，半翅目科数最多，占该区所有科数的 18.87%，其次是鳞翅目，占该区所有科数的 16.51%，石蛃目、襀翅目、纺足目、广翅目科数最少，均只有 1 科，分别占该区所有科数的 0.47%。从属级水平上看，鳞翅目属数最多，占该区所有属数的 26.26%，其次是鞘翅目和半翅目，分别占该区所有属数的 20.30% 和 19.30%，石蛃目、纺足目属数最少，均只有 1 属，分别占该区所有属数的 0.07%。从种级水平上看，鳞翅目种数最多，占全区所有种数的 26.35%，其次是鞘翅目，占该区所有种数的 20.01%，石蛃目、纺足目种数最少，均只有 1 种，分别占该区所有种数的 0.04%（表 1–1）。

表1–1　红河地区昆虫各目、科、属、种数量

目	科数	占所有科的比例（%）	属数	占所有属的比例（%）	种数	占所有种的比例（%）
石蛃目 Archaeognatha	1	0.47	1	0.07	1	0.04
蜉蝣目 Ephemeroptera	2	0.94	2	0.14	2	0.07
蜻蜓目 Odonata	17	8.02	75	5.32	132	4.95
襀翅目 Plecoptera	1	0.47	2	0.14	2	0.07
纺足目 Embioptera	1	0.47	1	0.07	1	0.04
直翅目 Orthoptera	15	7.08	57	4.05	108	4.05

（续）

目		科数	占所有科的比例（%）	属数	占所有属的比例（%）	种数	占所有种的比例（%）
䗛目	Phasmatodea	4	1.89	6	0.43	7	0.26
蜚蠊目	Blattaria	6	2.83	23	1.63	25	0.94
螳螂目	Mantodea	3	1.42	6	0.43	6	0.22
革翅目	Dermaptera	5	2.36	10	0.71	12	0.45
半翅目	Hemiptera	40	18.87	272	19.30	421	15.78
鞘翅目	Coleoptera	33	15.57	286	20.30	534	20.01
广翅目	Megaloptera	1	0.47	5	0.35	11	0.41
脉翅目	Neuroptera	5	2.36	8	0.57	9	0.34
鳞翅目	Lepidoptera	35	16.51	370	26.26	703	26.35
双翅目	Diptera	21	9.91	147	10.43	315	11.81
膜翅目	Hymenoptera	22	10.38	138	9.79	379	14.21
合计		212	100	1409	100	2668	100

1.1.1 蜻蜓目

红河地区蜻蜓目昆虫共计 17 科 75 属 132 种（附录 1），属和种占优势的科是蜻科 Libellulidae，有 16 属 28 种，分别占蜻蜓目所有属、种的 21.33% 和 21.21%，其次是春蜓科 Gomphidae，有 15 属 21 种（表 1–2）。

表1–2　红河地区蜻蜓目昆虫概况

科		属		种	
		数量	占所有属的比例（%）	数量	占所有种的比例（%）
蜓科	Aeschnidae	5	6.67	5	3.79
春蜓科	Gomphidae	15	20.00	21	15.91
裂唇蜓科	Chlorogomphidae	1	1.33	6	4.55
大蜓科	Cordulegastridae	1	1.33	7	5.30
大伪蜻科	Macromiidae	1	1.33	4	3.03
综蜻科	Synthemistidae	2	2.67	4	3.03
蜻科	Libellulidae	16	21.33	28	21.21
色蟌科	Calopterygidae	8	10.67	9	6.82
鼻蟌科	Chlorocyphidae	4	5.33	4	3.03
溪蟌科	Euphaeidae	6	8.00	10	7.58
大溪蟌科	Philogangidae	1	1.33	1	0.76
黑山蟌科	Philosinidiae	2	2.67	2	1.52

（续）

科		属		种	
		数量	占所有属的比例（%）	数量	占所有种的比例（%）
丝蟌科	Lestidae	1	1.33	1	0.76
综蟌科	Synlestidae	2	2.67	4	3.03
扇蟌科	Platycnemididae	2	2.67	8	6.06
蟌科	Coenagrionidae	5	6.67	11	8.33
扁蟌科	Platystictidae	3	4.00	7	5.30
合计		75	100	132	100

1.1.2 直翅目

红河地区直翅目昆虫共计 15 科 58 属 109 种（附录 1），属数和种数不论是属级水平还是种级水平，斑腿蝗科 Catantopidae 属数和种数均是最多，为 21 属 38 种，分别占直翅目所有属、种的 36.21% 和 34.86%，其次是蚱科 Tetrigidae 8 属 23 种、斑翅蝗科 Oedipodidae 6 属 8 种、刺翼蚱科 Scelimenidae 5 属 10 种、蟋蟀科 Gryllidae 4 属 6 种（表 1–3）。

表1–3 红河地区直翅目昆虫概况

科		属		种	
		数量	占所有属的比例（%）	数量	占所有种的比例（%）
瘤锥蝗科	Chrotogonidae	1	1.72	1	0.92
锥头蝗科	Pyrgomorphidae	1	1.72	2	1.83
斑腿蝗科	Catantopidae	21	36.21	38	34.86
网翅蝗科	Arcypteridae	1	1.72	3	2.75
斑翅蝗科	Oedipodidae	6	10.34	8	7.34
剑角蝗科	Acrididae	2	3.45	4	3.67
股沟蚱科	Batrachididae	1	1.72	1	0.92
扁角蚱科	Discotettigidae	1	1.72	1	0.92
枝背蚱科	Cladonotidae	1	1.72	1	0.92
刺翼蚱科	Scelimenidae	5	8.62	10	9.17
短翼蚱科	Metrodoridae	2	3.45	6	5.50
蚱科	Tetrigidae	8	13.79	23	21.10
蝼蛄科	Gryllotalpidae	1	1.72	2	1.83
蟋蟀科	Gryllidae	4	6.90	6	5.50
蛣蟋科	Eneopteridae	3	5.17	3	2.75
合计		58	100	109	100

1.1.3 半翅目

红河地区半翅目昆虫共计 40 科 272 属 421 种（附录 1），不论是属级水平还是种级水平，蝽科 Pentatomidae 属数和种数均最多，为 43 属 65 种，分别占半翅目所有属、种的 15.81% 和 15.44%，其次是猎蝽科 Reduviidae 39 属 57 种、缘蝽科 Coreidae 23 属 51 种、叶蝉科 Cicadellidae 24 属 42 种、长蝽科 Lygaeidae 24 属 28 种（表 1–4）。

表1–4 红河地区半翅目昆虫概况

科		属		种	
		数量	占所有属的比例（%）	数量	占所有种的比例（%）
木虱科	Psyllidae	2	0.74	2	0.48
瘿绵蚜科	Pemphigidae	4	1.47	4	0.95
斑蚜科	Callaphididae	2	0.74	2	0.48
大蚜科	Lachnidae	4	1.47	4	0.95
蚜科	Aphididae	8	2.94	9	2.14
扁蚜科	Hormaphididae	2	0.74	2	0.48
粉蚧科	Pseudococcidae	1	0.37	1	0.24
蚧科	Coccidae	6	2.21	6	1.43
盾蚧科	Diaspididae	1	0.37	3	0.71
蝉科	Cicadidae	4	1.47	4	0.95
沫蝉科	Cercopidae	2	0.74	3	0.71
尖胸沫蝉科	Aphrophoridae	2	0.74	4	0.95
叶蝉科	Cicadellidae	24	8.82	42	9.98
角蝉科	Membracidae	9	3.31	14	3.33
蛾蜡蝉科	Flatidae	1	0.37	1	0.24
瓢蜡蝉科	Issidae	2	0.74	2	0.48
蟾蝽科	Gelastocoridae	1	0.37	1	0.24
负蝽科	Belostomatidae	1	0.37	1	0.24
猎蝽科	Reduviidae	39	14.34	57	13.54
瘤蝽科	Phymatidae	2	0.74	2	0.48
盲蝽科	Miridae	10	3.68	10	2.38
姬蝽科	Nabidae	3	1.10	3	0.71
花蝽科	Anthocoridae	2	0.74	2	0.48
束长蝽科	Malcidae	1	0.37	3	0.71

（续）

科		属		种	
		数量	占所有属的比例（%）	数量	占所有种的比例（%）
长蝽科	Lygaeidae	24	8.82	28	6.65
跷蝽科	Berytidae	2	0.74	2	0.48
红蝽科	Pyrrhocoridae	6	2.21	13	3.09
大红蝽科	Largidae	1	0.37	2	0.48
扁蝽科	Aradiae	6	2.21	11	2.61
姬缘蝽科	Rhopalidae	1	0.37	1	0.24
缘蝽科	Coreidae	23	8.46	51	12.11
蛛缘蝽科	Alydidae	3	1.10	8	1.90
同蝽科	Acanthosomatidae	2	0.74	5	1.19
异蝽科	Urostylidae	2	0.74	5	1.19
土蝽科	Cydnidae	6	2.21	12	2.85
龟蝽科	Plataspidae	3	1.10	4	0.95
盾蝽科	Scutelleridae	7	2.57	15	3.56
兜蝽科	Dinidoridae	3	1.10	6	1.43
荔蝽科	Tessaratominae	7	2.57	11	2.61
蝽科	Pentatomidae	43	15.81	65	15.44
	合计	272	100	421	100

1.1.4　鞘翅目

红河地区鞘翅目昆虫共计 33 科 286 属 534 种（附录 1），属数和种数不论是属级水平还是种级水平，天牛科 Cerambycidae 属数和种数均最多，为 73 属 123 种，分别占鞘翅目所有属、种的 25.52% 和 23.03%，其次是叶甲科 Chrysomeloidae 38 属 54 种、瓢虫科 Coccinellidae 31 属 57 种、象甲科 Curculionidae 21 属 23 种（表 1–5）。

表1–5　红河地区鞘翅目昆虫概况

科		属		种	
		数量	占所有属的比例（%）	数量	占所有种的比例（%）
虎甲科	Cicindelidae	4	1.40	7	1.31
步甲科	Carabidae	8	2.80	12	2.25
龙虱科	Dytiscidae	1	0.35	2	0.37
水龟甲科	Hydrophilidae	1	0.35	1	0.19

（续）

科		属		种	
		数量	占所有属的比例（%）	数量	占所有种的比例（%）
埋葬甲科	Silphidae	2	0.70	2	0.37
萤科	Lampyridae	1	0.35	1	0.19
花萤科	Cantharidae	2	0.70	2	0.37
叩甲科	Elateridae	5	1.75	5	0.94
吉丁虫科	Buprestidae	3	1.05	3	0.56
蜡斑甲科	Helotidae	1	0.35	1	0.19
拟叩甲科	Languriidae	1	0.35	2	0.37
伪瓢虫科	Endomychidae	1	0.35	1	0.19
瓢虫科	Coccinellidae	31	10.84	57	10.67
芫菁科	Meloidae	1	0.35	1	0.19
拟步甲科	Tenebrionidae	7	2.45	8	1.50
长蠹科	Bostrychidae	3	1.05	4	0.75
粉蠹科	Lyctidae	2	0.70	2	0.37
金龟科	Scarabaeidae	3	1.05	4	0.75
鳃金龟科	Melolonthidae	7	2.45	13	2.43
丽金龟科	Rutelinae	6	2.10	25	4.68
犀金龟科	Dynastidae	2	0.70	2	0.37
花金龟科	Cetoniidae	7	2.45	12	2.25
锹甲科	Lucanidae	8	2.80	19	3.56
天牛科	Cerambycidae	73	25.52	123	23.03
负泥虫科	Crioceridae	5	1.75	18	3.37
叶甲科	Chrysomeloidae	38	13.29	54	10.11
肖叶甲科	Eumolpidae	6	2.10	9	1.69
铁甲科	Hispidae	18	6.29	70	13.11
龟甲科	Cassididae	12	4.20	42	7.87
豆象科	Bruchidae	1	0.35	1	0.19
象甲科	Curculionidae	21	7.34	23	4.31
小蠹科	Scolytidae	4	1.40	7	1.31
长小蠹科	Platypodidae	1	0.35	1	0.19
合计		286	100	534	100

1.1.5　鳞翅目

红河地区鳞翅目昆虫共计 35 科 370 属 703 种（附表 1），属数和种数不论是属级还是种级水平，蛱蝶科 Nymphalidae 属数和种数均最多，为 40 属 91 种，分别占鳞翅目所有属、种的 10.84% 和 12.94%，其次是夜蛾科 Noctuidae37 属 50 种、灰蝶科 Lycaenidae 34 属 60 种、弄蝶科 Hesperiidae 34 属 57 种（表 1–6）。

表1–6　红河地区鳞翅目昆虫概况

科	属		种	
	数量	占所有属的比例（%）	数量	占所有种的比例（%）
木蠹蛾科 Cossidae	2	0.54	4	0.57
螟蛾科 Pyralidae	17	4.59	20	2.84
草螟科 Crambidae	3	0.81	3	0.43
蓑蛾科 Psychidae	1	0.27	1	0.14
斑蛾科 Zygaenidae	5	1.35	6	0.85
刺蛾科 Limacodidae	16	4.32	24	3.41
网蛾科 Thyrididae	1	0.27	1	0.14
钩蛾科 Drepanidae	1	0.27	1	0.14
尺蛾科 Geometridae	17	4.59	23	3.27
波纹蛾科 Thyatiridae	2	0.54	2	0.28
舟蛾科 Notodontidae	15	4.05	25	3.56
毒蛾科 Lymantriidae	8	2.16	14	1.99
灯蛾科 Arctiidae	27	7.30	44	6.26
鹿蛾科 Amatidae	3	0.81	6	0.85
夜蛾科 Noctuidae	37	10.00	50	7.11
虎蛾科 Agaristidae	2	0.54	2	0.28
天蛾科 Sphingidae	24	6.49	43	6.12
蚕蛾科 Bombycidae	1	0.27	2	0.28
大蚕蛾科 Saturniidae	10	2.70	15	2.13
箩纹蛾科 Brahmaeidae	1	0.27	1	0.14
燕蛾科 Uraniidae	1	0.27	1	0.14
缨翅蛾科 Pterothysanidae	1	0.27	1	0.14
枯叶蛾科 Lasioca	5	1.35	8	1.14
带蛾科 Eupterotidae	4	1.08	12	1.71

（续）

科		属		种	
		数量	占所有属的比例（%）	数量	占所有种的比例（%）
凤蝶科	Prionerisnidae	11	2.97	48	6.83
粉蝶科	Pieridae	18	4.86	51	7.25
斑蝶科	Danaidae	4	1.08	12	1.71
环蝶科	Amathusiidae	6	1.62	10	1.42
眼蝶科	Satyridae	14	3.78	52	7.40
蛱蝶科	Nymphalidae	40	10.81	91	12.94
珍蝶科	Acraeidae	1	0.27	1	0.14
喙蝶科	Libytheidae	1	0.27	3	0.43
蚬蝶科	Riodinidae	3	0.81	9	1.28
灰蝶科	Lycaenidae	34	9.19	60	8.53
弄蝶科	Hesperiidae	34	9.19	57	8.11
	合计	370	100	703	100

1.1.6 双翅目

红河地区双翅目昆虫共计 21 科 147 属 315 种（附录 1），属和种占优势的科是食蚜蝇科 Syrphidae，有 29 属 41 种，分别占双翅目所有属、种的 19.73% 和 13.02%，其次是长足虻科 Dolichopodidae18 属 66 种、寄蝇科 Tachinidae18 属 32 种、水虻科 Stratiomyoidae18 属 31 种、丽蝇科 Calliphoridae16 属 24 种（表 1–7）。

表1–7 红河地区双翅目昆虫概况

科		属		种	
		数量	占所有属的比例（%）	数量	占所有种的比例（%）
大蚊科	Tipulidae	5	3.40	8	2.54
蚊科	Culicidae	3	2.04	5	1.59
蠓科	Ceratopogonidae	1	0.68	17	5.40
毛蚊科	Bibionidae	1	0.68	1	0.32
鹬虻科	Rhagionidae	2	1.36	2	0.63
虻科	Tabanidae	4	2.72	21	6.67
木虻科	Xylomyidae	1	0.68	1	0.32
水虻科	Stratiomyoidae	18	12.24	31	9.84
食虫虻科	Asilidae	1	0.68	1	0.32
蜂虻科	Bombyliidae	1	0.68	5	1.59

（续）

科		属		种	
		数量	占所有属的比例（%）	数量	占所有种的比例（%）
舞虻科	Empididae	2	1.36	3	0.95
长足虻科	Dolichopodidae	18	12.24	66	20.95
头蝇科	Pipunculidae	1	0.68	1	0.32
食蚜蝇科	Syrphidae	29	19.73	41	13.02
缟蝇科	Lauxaniidae	12	8.16	36	11.43
蝇科	Muscidae	5	3.40	8	2.54
丽蝇科	Calliphoridae	16	10.88	24	7.62
寄蝇科	Tachinidae	18	12.24	32	10.16
突眼蝇科	Diopsidae	3	2.04	4	1.27
鼓翅蝇科	Sepsidae	3	2.04	3	0.95
实蝇科	Tephritidae	3	2.04	5	1.59
	合计	147	100	315	100

1.1.7　膜翅目

（1）膜翅目总体情况。红河地区膜翅目昆虫共计22科138属379种（附录1），属和种占优势的科是蚁科Formicidae，有61属180种，分别占膜翅目所有属、种的44.20%和47.49%，其次是蜾蠃科Eumenidae 14属38种、姬蜂科Ichneumonidae 12属14种、泥蜂科Sphecidae 11属16种（表1–8）。

表1–8　红河地区膜翅目昆虫概况

科		属		种	
		数量	占所有属的比例（%）	数量	占所有种的比例（%）
树蜂科	Siricidae	1	0.72	1	0.26
旗腹蜂科	Evaniidae	1	0.72	2	0.53
姬蜂科	Ichneumonidae	12	8.70	14	3.69
褶翅小蜂科	Leucospidae	1	0.72	1	0.26
长尾小蜂科	Torymidae	1	0.72	1	0.26
旋小蜂科	Eupelmidae	1	0.72	1	0.26
蚁科	Formicidae	61	44.20	180	47.49
青蜂科	Chrysididae	1	0.72	1	0.26
泥蜂科	Sphecidae	11	7.97	16	4.22

（续）

科		属		种	
		数量	占所有属的比例（%）	数量	占所有种的比例（%）
蚁蜂科	Mutillidae	3	2.17	3	0.79
土蜂科	Scoliidae	2	1.45	10	2.64
钩土蜂科	Tiphiidae	1	0.72	2	0.53
蜾蠃科	Eumenidae	14	10.14	38	10.03
蛛蜂科	Pompilidae	7	5.07	13	3.43
胡蜂科	Vespidae	3	2.17	15	3.96
铃腹胡蜂科	Ropalidiidae	1	0.72	2	0.53
异腹胡蜂科	Polybiidae	1	0.72	3	0.79
马蜂科	Polistidae	1	0.72	13	3.43
狭腹胡蜂科	Stenogastridae	4	2.90	4	1.06
隧蜂科	Halictidae	2	1.45	12	3.17
切叶蜂科	Megachilidae	3	2.17	13	3.43
蜜蜂科	Apidae	6	4.35	34	8.97
合计		138	100	379	100

（2）膜翅目蚁科概况。红河地区膜翅目蚁科昆虫共计 8 亚科 61 属 180 种（附录 1），属数和种数不论是属级水平还是种级水平，切叶蚁亚科 Myrmicinae 属数和种数均最多，有 20 属 66 种，分别占膜翅目蚁科所有属、种的 32.79% 和 36.67%，其次是蚁亚科 Formicinae16 属 58 种、猛蚁亚科 Ponerinae14 属 26 种（表 1–9）。

表1–9 红河地区膜翅目蚁科昆虫概况

科	属		种	
	数量	占所有属的比例（%）	数量	占所有种的比例（%）
猛蚁亚科	14	22.95	26	14.44
钝猛蚁亚科	1	1.64	1	0.56
行军蚁亚科	2	3.28	5	2.78
细蚁亚科	1	1.64	1	0.56
伪切叶蚁亚科	1	1.64	5	2.78
切叶蚁亚科	20	32.79	66	36.67
臭蚁亚科	6	9.84	18	10.00
蚁亚科	16	26.23	58	32.22

1.2 云南省新纪录种

本次调查共发现 14 种云南省新纪录种，隶属于 4 目 8 科 14 属，分别是叶蝉科 Cicadellidae 窗翅叶蝉属 *Mileewa* 的枝茎窗翅叶蝉 *Mileewa branchiuma*（Yang et Li）、叶蝉科 Cicadellidae 边大叶蝉属 *Kolla* 的透翅边大叶蝉 *Kolla hyalina*（Kato）、叶蝉科 Cicadellidae 消室叶蝉属 *Chudania* 的甘肃消室叶蝉 *Chudania ganana*（Yang et Zhang）、叶蝉科 Cicadellidae 华铲叶蝉属 *Hecalusina* 的单刺华铲叶蝉 *Hecalusina unispinosa*（He，Zhang et Webb）、叶蝉科 Cicadellidae 脊额叶蝉属 *Carinat* 的白边脊额叶蝉 *Carinata kelloggii*（Baker）、叶蝉科 Cicadellidae 单突叶蝉属 *Olidiana* 的黄面单突叶蝉 *Olidiana huangmuna*、蛱蝶科 Nymphalidae 环蛱蝶属 *Neptis* 的中华卡环蛱蝶 *Neptis sinocartica*（Chou et Wang）、蜂虻科 Bombyliidae 姬蜂虻属 *Systropus* 的茅氏姬蜂虻 *Systropus maoi* Du, Yang, Yao et Yang、食蚜蝇科 Syrphidae 垂边食蚜蝇属 *Epistrophe* 的离缘垂边食蚜蝇 *Epistrophe grossulariae*（Meigen）、食蚜蝇科 Syrphidae 粗股蚜蝇属 *Syritta* 的东方粗股蚜蝇 *Syritta orientalis* Macquart、褶翅小蜂科 Leucospidae 褶翅小蜂属 *Leucospis* 的束腰褶翅小蜂 *Leucospis petiolata* Fabricius、泥蜂科 Sphecidae 长背泥蜂属 *Ampulex* 的绿长背泥蜂 *Ampulex compressa*（Fabricius）、蚁蜂科 Mutillidae 驼盾蚁蜂属 *Trogaspidia* 的眼斑驼盾蚁蜂指名亚种 *Trogaspidia oculata oculata* Fabricius、蜾蠃科 Eumenidae 蜾蠃属 *Eumenes* 的中华唇蜾蠃 *Eumenes labiatus sinicus* Giordni Soika。

1.2.1 枝茎窗翅叶蝉*Mileewa branchiuma*（Yang et Li）

叶蝉科 Cicadellidae 窗翅叶蝉属 *Mileewa*，国内分布于云南（红河州）、河南、陕西、安徽、浙江、湖北、江西、湖南、福建、广西、重庆、四川、贵州。

主要识别特征（图版 6）：①体连翅长 5.1~5.5mm，头胸部背面及前翅黑色；②头冠前端部具 7 条细线纹，颜面黄白色，两侧具褐色细横条纹列；③胸部腹面黄白色，小盾片基部黑色，端半部黄白色，尖角黑色；④前翅基半部翅面散布褐色小点，端缘褐色半透明，后缘中部有 1 大的白色透明斑，端 2 室、端 3 室基部各有 1 白色透明小斑；⑤腹部腹面黄白色，雌虫尾节黄褐色至黑褐色；⑥足黄白色。

1.2.2 透翅边大叶蝉 *Kolla hyalina*（Kato）

叶蝉科 Cicadellidae 边大叶蝉属 *Kolla*，国内分布于云南（红河州）、黑龙江、吉林、辽宁、山东、甘肃；国外分布于日本。

主要识别特征（图版 6）：①体连翅长 5.5~6.7mm，体黄绿色或淡绿色；②单眼和复眼黑褐色或与体同色；③前胸背板较头部略窄，黄绿色无斑纹或两侧缘中部各有 1 小黑褐色横斑，前缘域有 1 横凹痕，中后部具横皱纹，后缘向中央稍呈角状凹入；④前翅一致为淡绿色或黄白色半透明；⑤各足前跗节黑褐色。

1.2.3 甘肃消室叶蝉 *Chudania ganana*（Yang et Zhang）

叶蝉科 Cicadellidae 消室叶蝉属 *Chudania*，国内分布于云南（红河州）、甘肃、四川。

主要识别特征（图版 7）：雄虫：①头冠、颜面黑色，单眼、触角浅黄色，复眼红褐色；②前胸背板黑色，胸部浅黄色；③小盾片黑色；④前翅爪区有深褐色纵带，其余部分为浅黄色，端半部深褐色，浅黄色与深褐色交界边缘角状交错；在革区端半部褐色区内，沿翅前缘中部有大小各一的浅黄色斑纹，沿翅后缘在爪片端部 Cu 横脉处、第 1 端室近端部各有 1 浅黄色小斑；⑤腹部背面褐色，腹面浅黄。雌虫：①颜面仅在基部中央有 1 很小黑斑；②背面沿中线具 1 黑褐色纵带纹；③褐色纵带由翅基部向后逐渐减淡，近端部后缘褐色很浅，至翅端部又略加深，革区在爪片末端有 1 浅黄色小斑；④腹部背面浅黄色。

1.2.4 单刺华铲叶蝉 *Hecalusina unispinosa*（He, Zhang et Webb）

叶蝉科 Cicadellidae 华铲叶蝉属 *Hecalusina*，国内分布于云南（红河州）、福建、湖北；国外分布于印度。

主要识别特征（图版 7）：①体淡黄白色；②头冠淡黄绿色，端部前缘两侧略带黄白色，复眼乳白色，颜面淡黄白色；③前胸背板淡白色，有 4 条黄绿色纵纹；④前翅淡绿色，翅脉淡白色，沿翅脉两侧具绿褐色边；⑤足淡黄色。

1.2.5 白边脊额叶蝉 *Carinata kelloggii*（Baker）

叶蝉科 Cicadellidae 脊额叶蝉属 *Carinata*，国内分布于云南（红河州）、福建、贵州、广西、重庆。

主要识别特征（图版 8）：①体淡黄微带绿色；②头冠中前域有 1 枚大黑斑，此斑前缘深凹，复眼黑色，单眼黑褐色；额唇基两侧于触角窝下方各有 1 枚黑色横斑；③前胸背板前、后缘有黑褐色狭边，胸部腹板淡黄白色；④前翅前缘域淡黄白色透明，端区浅烟煤褐色；⑤足淡黄白色无任何斑纹。

1.2.6　黄面单突叶蝉 *Olidiana huangmuna*（Li et Wang）

叶蝉科 Cicadellidae 单突叶蝉属 *Olidiana*，国内分布于云南（红河州）、贵州。

主要识别特征（图版 8）：①体黄褐色，密布浅色小斑；②头冠黄褐色，颜面黄色，额唇基区两侧有鲜红色宽纵带，前唇基鲜红色；③前胸背板黑色，密布黄色颗粒状突起，胸部腹板淡黄褐色，有不规则黄色斑块；④小盾片黑色，黄色颗粒少；⑤足淡黄褐色，后足或其胫节端部黑褐色；⑥腹部背、腹面黑褐色，各节后缘有淡黄色狭边。

1.2.7　中华卡环蛱蝶 *Neptis sinocartica* Chou et Wang

蛱蝶科 Nymphalidae 环蛱蝶属 *Neptis*，国内分布于云南（红河州）、广西。

主要识别特征（图版 45）：①翅正面黑色，斑纹白色；②前翅正面中室条与侧室条较窄而不明显，下外带模糊；③前翅反面底色灰色，白斑呈红色；④亚缘列的白斑直长，后翅中带近外缘较直；⑤后翅反面基条宽大，与 $Sc+R_1$ 脉相接触，无亚基条。

1.2.8　茅氏姬蜂虻 *Systropus maoi* Du, Yang, Yao et Yang

蜂虻科 Bombyliidae 姬蜂虻属 *Systropus*，国内分布于云南（红河州）、河南（内乡）、四川（峨眉山）、贵州（大庸）、湖北（神农架）、湖南（水顺杉）、浙江（天目山）。

主要识别特征（图版 47）：体长 21~24mm。雄虫：①头部红黑色，触角柄节和梗节有短黑毛，鞭节黑色，扁平且光滑；②胸部黑色，中胸背板有 3 个黄色侧斑，小盾片黑色，后胸腹板黑色，后缘有 1V 形黄色区域；③翅淡灰色，平衡棒黄色，棒端背面黑色；④前足腿节近基部 2/3 淡褐色，后足胫节有 3 排刺状黑鬃，跗节均为黑色；⑤腹部侧扁，黄褐色，第 1 背板黑色，前缘宽于小盾片。雌虫：一般特征同雄虫。亚生殖板末端带有 1 个细长的锥状刺，黑色。

1.2.9 离缘垂边食蚜蝇 *Epistrophe grossulariae*（Meigen）

食蚜蝇科 Syrphidae 垂边食蚜蝇属 *Epistrophe*，国内分布于云南（红河州）、河北、内蒙古；国外分布于苏联、蒙古国、日本、欧洲、北美洲。

主要识别特征（图版 47）：体长 10~13mm。雄性：①头部大部分棕黄色，复眼裸，头顶三角区暗黑色，触角芒黑色；②中胸背板青黑色，背板侧缘橘黄色，小盾片黄色；③翅不透明，腋瓣深橙色，平衡棒橙色；④足棕黄色，中足基节及各足腿节基部黑色，前足跗节中部 3 节暗色，后足跗节黑色；⑤腹部狭卵形，黑色；第 2 背板具 1 对三角形大黄斑；第 3、4 背板近前缘各具较直的宽黄色横带，达背板侧缘。雌性：头顶狭，额正中具长三角形黑色纵条，该纵条与头顶相连。

1.2.10 东方粗股蚜蝇 *Syritta orientalis* Macquart

食蚜蝇科 Syrphidae 粗股蚜蝇属 *Syritta*，国内分布于云南（红河州）、北京、上海、江苏、安徽、福建、湖北、湖南、广东、贵州、四川、新疆、台湾；国外分布于印度、斯里兰卡。

主要识别特征（图版 48）：体长 10~12mm。雄虫：①头顶三角区极狭长，亮黑色，触角橘黄色，芒黑褐色，肩胛具毛，常明显可见；②中胸背板亮黑色，两侧自肩胛至盾沟淡黄色，小盾片黑色；③翅透明，端横脉不明显迴转，R_{4+5} 脉稍波动，端横脉与 R_{4+5} 脉相交不成直角；④前、中足黄色，后足腿节极粗大，亮黑色，腹面具锯齿；⑤腹部黑色，第 1 背板两侧缘黄色，第 2 背板和第 3 背板具很宽的黄横带。雌性：①额黑色；②腹部第 2、3 节背板各具 1 对黄斑。

1.2.11 束腰褶翅小蜂 *Leucospis petiolata* Fabricius

褶翅小蜂科 Leucospidae 褶翅小蜂属 *Leucospis*，国内分布于云南（红河州）、广东、福建、香港；国外分布于印度、斯里兰卡、孟加拉国、缅甸、泰国、菲律宾、马来西亚、印度尼西亚、新几内亚。

主要识别特征：体长 7~10mm。①额黑色，鞭节 2~4 节明显长大于宽，颚眼距为复眼长的 0.22~0.30 倍，至少为第二鞭节宽的 1.2 倍；②前胸背板，小盾片后端圆，后足基节背缘后部薄，无齿，腿节具 4 个细长的齿，具较少的黄色斑纹，基齿较小，后足胫节斜截，端部腹面延长似指状；③腹部第 1 节后缘直，产卵器达腹部第 1 节背板端部，腹宽处为红褐色。

1.2.12 绿长背泥蜂 *Ampulex compressa*（Fabricius）

泥蜂科 Sphecidae 长背泥蜂属 *Ampulex*，国内分布于云南（红河州）、广东；国外分布于东洋界、澳新界、埃塞俄比亚界。

主要识别特征（图版 58）：①体长 13mm，体绿色，具蓝紫色光泽；②头部上颚端半部深褐色，基部褐色，唇基屋脊状，端缘两侧具齿和 1 对凹陷，表面具少数小刻点，颅顶具大刻点；③前胸背板具明显的横沟和中沟，后缘具 1 瘤状突，中胸盾片具大而分散的刻点，侧板具中形刻点；④并胸腹节具网状皱纹，后缘两侧角突出，呈三角形；⑤中足和后足腿节红色，跗节深褐色；⑥腹部光滑，具细小分散的刻点。

1.2.13 眼斑驼盾蚁蜂指名亚种 *Trogaspidia oculata oculata* Fabricius

蚁蜂科 Mutillidae 驼盾蚁蜂属 *Trogaspidia*，国内分布于云南（红河州）、浙江、北京、江苏、江西、湖南、福建、广东、澳门；国外分布于泰国、越南。

主要识别特征：体长 7mm；①头部黑色，覆黑色或黑褐色毛，也混有长而稀疏直立的浅褐色毛；②第 2 背板后方具黑毛；③第 3~4 背板具有黄色毛带；④腹部黑色，多浅色毛，具细刻点，有光泽，第 2 背板横列的的 2 个椭圆形斑及第 3 背板后缘宽横带上的毡状毛黄褐色。

1.2.14 中华唇蜾蠃 *Eumenes labiatus sinicus* Giordni Soika

蜾蠃科 Eumenidae 蜾蠃属 *Eumenes*，国内分布于云南（红河州）、浙江、江苏、江西、湖北、湖南、四川、福建、广东、广西；国外分布于亚洲、欧洲、北非。

主要识别特征（图版 60）：①体长 17mm，体黑色具黄斑；②头部宽窄于胸部，唇基基部黄色端部黑色；③小盾片全黑色；④翅呈棕色，前缘色较深；⑤腹部第 2 节背板粗大，端部有 1 宽的中央有凹陷的黄色带状斑。

1.3 国家重点保护野生物种

红河地区已知昆虫中，被纳入《国家重点保护野生动物名录》的昆虫有 4 种，分别是叶䗛科 Phylliidae 叶䗛属 *Phyllium* 的翔叶䗛 *Phyllium westwoodi* Wood-Mason、臂金龟科 Euchiridae 彩臂金龟属 *Cheirotonus* 的格彩臂金龟 *Cheirotonus gestroi* Pouillaude、犀金龟科 *Dynastidae* 尤犀金龟属 *Eupatorus* 的细角尤犀金龟 *Eupatorus gracilicornis* Arrow 及裳凤蝶 *Troides helena* (Linnaeus)。

1.3.1 翔叶䗛 *Phyllium westwoodi* Wood-Mason

叶䗛科 Phylliidae 叶䗛属 *Phyllium*，国内分布于广西；国外分布于印度尼西亚、缅甸、印度。该种在国家林业和草原局　农业农村部（2021 年第 3 号）《国家重点保护野生动物名录》中为国家二级野生保护动物。

主要识别特征：①体中型，叶状，绿色；②头卵形，眼球状突出；③前胸背板中央具十字形沟纹，中胸背板长方形；④ 3 对足股节扩展呈叶状，股节内叶边缘有 5~6 齿，中后足胫节稍内弯。

1.3.2 格彩臂金龟 *Cheirotonus gestroi* Pouilland

臂金龟科 Euchiridae 彩臂金龟属 *Cheirotonus*，国内分布于云南、广西、四川、甘肃；国外分布于印度、越南、缅甸、泰国、老挝。格彩臂金龟生活在热带、亚热带森林中。幼虫以腐朽木材为食，成虫以树木伤口流出的汁液为食。

主要识别特征：①体长椭圆形，前胸背板古铜色泛绿紫光泽，鞘翅黑褐色，有许多不规则黄褐色斑点；②唇基深凹，前缘两侧端有小齿突；③触角 10 节，鳃片部 3 节；④前胸背板隆拱，有前狭后宽深的中纵沟，侧缘显著锯齿形；⑤前足十分延长，股节前缘中段角齿形扩出，由齿顶向齿端呈锯齿形，胫节匀称弯曲，背面中段有短壮齿突 1 枚，末端内侧延长为细长指状突，外缘有小刺 5~6 枚。

1.3.3 细角尤犀金龟 *Eupatorus gracilicornis* Arrow

犀金龟科 Dynastidae 尤犀金龟属 *Eupatorus*，国内分布于四川、广西、云南；国外分布于泰国、越南、马来西亚、老挝、柬埔寨、缅甸。该种在国家林业和草原局　农业农村部（2021 年第 3 号）《国家重点保护野生动物名录》中为国家二级保护物种。

主要识别特征（图版 22）：雄虫：①体长卵圆，背面隆拱，深棕褐色；②头小，唇基前缘双齿形；③触角 10 节，鳃片部 3 节；④鞘翅匀布细微刻点，4 条纵肋模糊但可辨；⑤腹部腹板两侧各有毛 1 排；⑥前足胫节外缘 3 齿，中齿接近端齿；中足、后足胫节端缘有 2 齿，后足第 1 跗节短于其后各节；每足有爪 1 对；⑦体躯巨大，头上及前胸背板共 5 支强大角突是最突出的特征。雌虫：头上及前胸背板无强大角突。

1.3.4　裳凤蝶 *Troides helena*（Linnaeus）

凤蝶科 Papilionidae 裳凤蝶属 *Troides*，国内分布于广东、海南、香港、云南；国外分布于印度、马来西亚、巴布亚新几内亚等。该种在国家林业和草原局　农业农村部（2021 年第 3 号）《国家重点保护野生动物名录》中为国家二级保护物种；被列入《国家保护的有益的或者有重要经济、科学研究价值的陆生野生动物名录》；在《中国物种红色名录·第三卷·无脊椎动物》中的等级为近危物种（NT）。

主要识别特征（图版 36）：①翅展 13~17cm，雌蝶大于雄蝶，触角、头部和胸部为黑色，头胸侧边有红色的绒毛，腹部为浅棕色或黄色；②雄蝶前翅面天鹅绒黑色，脉边有灰色条纹，后翅面金黄色，有相连的锐角三角形黑色缘斑；③前翅面与雄蝶相似，但金黄色后翅面多 1 列亚缘斑，而斑与斑之间微相连接。

1.4　珍稀濒危物种

红河地区昆虫中，被纳入《中国生物多样性红色名录》的珍稀濒危物种有 7 种。分别是大蚕蛾科 Saturniidae 巨大蚕蛾属 *Attacus* 的冬青大蚕蛾 *Attacus edwardsi* White、凤蝶科 Papilionidae 燕凤蝶属 *Lamproptera* 的燕凤蝶 *Lamproptera curia*（Fabricius）和绿带燕凤蝶翠绿亚种 *Lamproptera meges virescens*（Butler）、粉蝶科 Pieridae 锯粉蝶属 *Prioneris* 的锯粉蝶 *Prioneris thestylis*（Doubleday）、环蝶科 Amathusiidae 箭环蝶属 *Stichophthalma* 的白袖箭环蝶 *Stichophthalma louisa* Wood-Mason、眼蝶科 Satyridae 锯眼蝶属 *Elymnias* 的闪紫锯眼蝶 *Elymnias malelas*（Hewitson）以及蚬蝶科 Riodinidae 尾蚬蝶属 *Dodona* 的红秃尾蚬蝶 *Dodona adonira* Hewitson。

1.4.1　冬青大蚕蛾 *Attacus edwardsi* White

大蚕蛾科 Saturniidae 巨大蚕蛾属 *Attacus*，国内分布于云南（高黎贡山、镇沅、河口）；国外分布于印度、缅甸、印度尼西亚、柬埔寨。该种被列入《国家保护的有益的或者有重要经济、科学研究价值的陆生野生动物名录》，在《中国物种红色名录·第三卷·无脊椎动物》中的等级为近危物种（NT）。

主要识别特征（图版 34）：①体长 34mm，翅展 175mm，体翅棕色；②头橘黄色，胸部有棕色鳞毛，腹部第 1 节形成腰间白环；③腹部背面两侧有白色纵条纹，腹端有白色毛丛；④前翅内侧有 3 块斜向排列的黑斑，上方 2 块黑斑间有白色闪电纹，中室端有长三角形半透明白斑；⑤后翅中室端的三角斑较狭。

1.4.2 燕凤蝶 *Lamproptera curia*（Fabricius）

凤蝶科 Papilionidae 燕凤蝶属 *Lamproptera*，国内分布于广东、广西、海南、云南、香港；国外分布于不丹、缅甸、泰国、印度尼西亚、柬埔寨、马来西亚、菲律宾等。该种被列入《国家保护的有益的或者有重要经济、科学研究价值的陆生野生动物名录》，在《中国物种红色名录 · 第三卷 · 无脊椎动物》中的等级为近危物种（NT）。

主要识别特征（图版 36）：①翅展 30~40mm，体黑色，头宽、腹短；②触角黑色很长，腹面苍白色；③前翅窄三角形，白色透明，外缘、前缘和基部均黑色，从前缘中部到臀角有 1 条黑色斜带，脉纹黑色，清晰可见；④后翅窄，黑色，有 1 条白色横带，尾突长，两侧有白色鳞片，末端白色；⑤雄蝶后翅臀褶内有白色鳞毛。

1.4.3 绿带燕凤蝶翠绿亚种 *Lamproptera meges virescens*（Butler）

凤蝶科 Papilionidae 燕凤蝶属 *Lamproptera*，国内分布于广西、云南、海南等；国外分布于缅甸、泰国、越南、马来西亚、印度尼西亚、菲律宾。该种被列入《国家保护的有益的或者有重要经济、科学研究价值的陆生野生动物名录》中，在《中国物种红色名录 · 第三卷 · 无脊椎动物》中的等级为近危物种（NT）。

主要识别特征：①翅展 30~40mm，体黑色，头宽、腹短；②触角黑色很长，腹面苍白色；③前翅窄三角形，白色透明，外缘、前缘和基部均黑色，从前缘中部到臀角有 1 条黑色斜带，脉纹黑色，清晰可见；④后翅窄，黑色，有 1 条白色横带，尾突长，两侧镶有白色鳞片，末端白色；⑤本种与燕凤蝶 *L. curia* 十分近似，主要区别是本种前后翅有 1 条翠绿色斜带。

1.4.4 锯粉蝶 *Prioneris thestylis*（Doubleday）

粉蝶科 Pieridae 锯粉蝶属 *Prioneris*，国内分布于海南、台湾、云南。该种在《中国物种红色名录 · 第三卷 · 无脊椎动物》中的等级为近危物种（NT）。

主要识别特征（图版 39）：①翅面白色或浅黄色，脉黑色；②前翅前缘、外缘黑色，翅端半部脉纹的两侧黑色；③后翅白色，黑色脉纹不如前翅身显；④前翅反面同正面，后翅各室有形状不一的黄斑；⑤雌蝶色彩、斑纹同雄蝶，但翅形阔圆、色深。

1.4.5 白袖箭环蝶 *Stichophthalma louisa* Wood-Mason

环蝶科 Amathusiidae 箭环蝶属 *Stichophthalma*，国内分布于云南；国外分布于越南、老挝、柬埔寨等。该种被列入《国家保护的有益的或者有重要经济、科学研究价值的陆生野生动物名录》，在《中国物种红色名录·第三卷·无脊椎动物》中的等级为近危物种（NT）。

主要识别特征（图版 40）：①翅展 100~110mm，体褐黄色；②雄雌前翅正面基半部褐黄色，愈近基部愈浓，端半部白色，顶角和外缘浅褐色，箭纹斑较小；③后翅外缘线褐黄色不明显，箭状纹很大；④前翅反面亚基横线、中横线和亚外缘带间白色；⑤后翅无白色亚外缘带，在成列的眼状斑中，以前翅 Cu_1 室、后翅 Rs 室及 Cu_1 的眼斑大而明显。

1.4.6 闪紫锯眼蝶 *Elymnias malelas*（Hewitson）

眼蝶科 Satyridae 锯眼蝶属 *Elymnias*，国内分布于云南、西藏；国外分布于尼泊尔、锡金、不丹、印度。该种在《中国生物多样性红色名录》中的等级为近危物种（NT）。

主要识别特征（图版 40）：雄蝶：①翅正面暗褐色，前翅泛彩虹般紫色，中室端有 1 条淡蓝色斑纹，中区有几个紫蓝色斑纹，后中区有 1 列紫蓝色斑；②后翅面色暗，有模糊的蓝白色斑列；③翅反面栗褐色，有白色微波状纹。雌蝶：①似雄蝶，但彩虹般紫蓝色仅限于前翅端半部，前翅正面斑纹几乎是白色，后缘和 Cu_2 室有灰白色条纹；②后翅正面脉间有白色条纹及 1 列亚缘黑色斑列，翅缘黑色；③翅反面色较雄蝶淡，白色微波纹更密。

1.4.7 红秃尾蚬蝶 *Dodona adonira* Hewitson

蚬蝶科 Riodinidae 尾蚬蝶属 *Dodona*，国内分布于云南；国外分布于印度、缅甸和印度尼西亚。该种在《中国生物多样性红色名录》中的等级为近危物种（NT）。

主要识别特征：翅展 25~35mm，翅面黑褐色。雄蝶：①前后翅有 4 条橙红色横带，翅反面底色橙黄色或黄白色，有 6 条黑色条从前缘直达后缘，其中第 4 条短；②后翅 8 条黑色条向臀角汇聚，臀角部橙红色，耳垂状突分叉，有 2 个黑斑。雌蝶：①前翅基部橙红色条斑不明显，后翅端半部有 2 条橙红斑；②翅反面类似雄蝶后翅。

第2章 红河地区昆虫多样性评估

2.1 红河地区昆虫物种多样性现状

物种多样性是指一个地区内物种的多样化，是最简单有效的描述群落和区域多样性的方法，是生物多样性的本质内容（Magurran，1988）。物种多样性的现状是物种多样性的主要研究内容之一。

2.1.1 昆虫不同分类阶元的多样性分析

2.1.1.1 科级水平分析

红河地区昆虫科一级的组成中，少于 5 个科的目有 7 个，占该地区所有目的 41.18%，这些目共含有的 13 个科，占全部科的 6.13%；含有 5~20 个科的目有 5 个，占全部目的 29.41%，这些目共含有的 48 个科，占全部科的 22.64%；大于 20 个科的目有 5 个，分别是鳞翅目、鞘翅目、半翅目、膜翅目、双翅目，占全部目的 29.41%，这些目共含有 151 个科，占全部科的 71.23%（表 2–1）。

表2–1 红河地区目内科的数量分析

目内科数	目数	占全部目的比例（%）	含有的科数	占全部科的比例（%）
< 5	7	41.18	13	6.13
5~20	5	29.41	48	22.64
> 20	5	29.41	151	71.23
合计	17	100	212	100

2.1.1.2 属级水平分析

红河地区昆虫属一级的组成中，少于 50 个属的目有 10 个，占该地区所有目的 58.82%，这些目共有 64 个属，占全部属的 4.54%；含有 50~100 个属的目有 2

个，占全部目的 11.76%，这些目共有 132 个属，占全部属的 9.37%；大于 100 个属的目有 5 个，分别是鳞翅目、鞘翅目、半翅目、膜翅目、双翅目，占全部目的 29.41%，这些目共有 1213 个属，占全部属的 86.09%（表 2–2）。

表2–2　红河地区目内属的数量分析

目内属数	目数	占全部目的比例（%）	含有的属数	占全部属的比例（%）
＜ 50	10	58.82	64	4.54
50~100	2	11.76	132	9.37
＞ 100	5	29.41	1213	86.09
合计	17	100	1409	100

2.1.1.3　种级水平分析

红河地区昆虫种一级的组成中，少于 100 个种的目有 10 个，占全部目的 58.82%，这些目共含有 76 个种，占全部种的 2.85%；含有 100~200 个种的目有 2 个，这些目共含有 240 个种，占全部种的 9.00%；大于 200 个种的目有 5 个，分别是鳞翅目、鞘翅目、半翅目、膜翅目、双翅目，占全部目的 29.41%，这些目共含有 2352 个种，占全部种的 88.16%（表 2–3）。

表2–3　红河地区目内种的数量分析

目内种数	目数	占全部目的比例（%）	含有的种数	占全部种的比例（%）
＜ 100	10	58.82	76	2.85
100~200	2	11.76	240	9.00
＞ 200	5	29.41	2352	88.16
合计	17	100	2668	100

2.1.2　昆虫主要目分析

昆虫种类浩繁，中国昆虫种类已知十万余种，据《中国昆虫地理》记载，云南昆虫种类已知 19707 种，而红河地区已知昆虫种类 2668 种，仅占全省的 13.54%。云南省直翅目 Orthoptera、半翅目 Hemiptera、鞘翅目 Coleoptera、鳞翅目 Lepidoptera、双翅目 Diptera、膜翅目 Hymenoptera 6 目已知种类共计 17637 种，占全省已知昆虫种类的 89.5%。据《中国蜻蜓大图鉴》记载，云南省蜻蜓目 Odonata 昆虫共计 411 种。而红河地区上述 7 目共计 2592 种，仅占全省 7 目种类数的 14.36%（表 2–4）。

表2-4 红河地区主要目昆虫物种数比较分析

目	红河地区物种数	云南省物种数	红河地区物种占云南省物种比例（%）
蜻蜓目	132	411	32.12
直翅目	108	630	17.14
半翅目	421	3112	13.53
鞘翅目	534	4412	12.10
鳞翅目	703	4853	14.49
双翅目	315	2650	11.89
膜翅目	379	1980	19.14
合计	2592	18048	14.36

2.1.2.1 蜻蜓目

（1）蜻蜓目属级水平分析。红河地区蜻蜓目昆虫属一级的组成中，少于 5 个属的科有 11 个，占全部科的 64.71%，这些科共有 20 个属，占全部属的 26.67%；含有 5~15 个属的科有 4 个，占全部科的 23.53%，这些科共有 24 个属，占全部属的 32.00%；大于 15 个属的科有 2 个，分别是春蜓科 Gomphidae 和蜻科 Libellulidae。占全部科的 11.76%，这 2 个科共有 31 个属，占全部属的 41.33%（表 2–5）。

表2–5 红河地区蜻蜓目昆虫属级水平分析

科内属数	科数	占全部科的比例（%）	含有的属数	占全部属的比例（%）
＜5	11	64.71	20	26.67
5~15	4	23.53	24	32.00
＞15	2	11.76	31	41.33
合计	17	100	75	100

（2）蜻蜓目种级水平分析。红河地区直翅目昆虫种一级的组成中，少于 5 个种的科有 7 个，占全部科的 41.18%，这些科共有 20 个种，占全部种的 15.15%；含有 5~10 个种的科有 7 个，站全部科的 41.18%，这些科共有 52 个种，占全部种的 39.39%；大于 10 个种的科有 3 个，分别是春蜓科 Gomphidae、蜻科 Libellulidae 和蟌科 Coenagrionidae，占全部科的 17.65%，这些科共有 60 个种，占全部种的 45.45%（表 2–6）。

表2-6 红河地区蜻蜓目昆虫种级水平分析

科内种数	科数	占全部科的比例（%）	含有的种数	占全部种的比例（%）
＜5	7	41.18	20	15.15
5~10	7	41.18	52	39.39
＞10	3	17.65	60	45.45
合计	17	100	132	100

（3）蜻蜓目主要科比较分析。按所含种计，红河地区蜻蜓目昆虫前4个科分别是蜻科 Libellulidae、春蜓科 Gomphidae、蟌科 Coenagrionidae、色蟌科 Calopterygidae。据《中国蜻蜓大图鉴》记载，云南省蜻蜓目昆虫前5个科分别是蜻科 Libellulidae、春蜓科 Gomphidae、蟌科 Coenagrionidae、扇蟌科 Platycnemididae、蜓科 Aeschnidae。上述6个科，红河地区已知物种共计82种，云南省已知物种共计291种，红河地区已知物种占云南省已知物种的28.18%，各科情况见表2–7。

表2-7 红河地区蜻蜓目昆虫主要科物种数比较分析

科	红河地区物种数	云南省物种数	红河地区物种占云南省物种比例（%）
蜻科	28	75	37.33
春蜓科	21	87	24.14
蟌科	11	41	26.83
色蟌科	9	19	47.37
扇蟌科	8	33	24.24
蜓科	5	36	13.89

2.1.2.2 直翅目

（1）直翅目属级水平分析。红河地区直翅目昆虫属一级的组成中，少于5个属的科有11个，占全部科的73.33%，这些科共有18个属，占全部属的31.03%；含有5~10个属的科有3个，占全部科的20.00%，这些科共有19个属，占全部属的32.76%；大于10个属的科有1个（斑腿蝗科 Catantopidae），占全部科的6.67%，这些科共有21个属，占全部属的36.21%（表2–8）。

表2-8　红河地区直翅目昆虫属级水平分析

科内属数	科数	占全部科的比例（%）	含有的属数	占全部属的比例（%）
＜5	11	73.33	18	31.03
5~10	3	20.00	19	32.76
＞10	1	6.67	21	36.21
合计	15	100	58	100

（2）直翅目种级水平分析。红河地区直翅目昆虫种一级的组成中，少于 5 个种的科有 9 个，占全部科的 60.00%，这些科共有 18 个种，占全部种的 16.51%；含有 5~10 个种的科有 4 个，占全部科的 26.67%，这些科共有 30 个种，占全部种的 27.52%；大于 10 个种的科有 2 个，分别是斑腿蝗科 Catantopidae 和蚱科 Tetrigidae，占全部科的 13.33%，这些科共有 61 个种，占全部种的 55.96%（表 2-9）。

表2-9　红河地区直翅目昆虫种级水平分析

科内种数	科数	占全部科的比例（%）	含有的种数	占全部种的比例（%）
＜5	9	60.00	18	16.51
5~10	4	26.67	30	27.52
＞10	2	13.33	61	55.96
合计	15	100	109	100

（3）主要科比较分析。按所含种计，红河地区直翅目昆虫前 6 个科分别是斑腿蝗科 Catantopidae、蚱科 Tetrigidae、刺翼蚱科 Scelimenidae、斑翅蝗科 Oedipodidae、短翼蚱科 Metrodoridae、蟋蟀科 Gryllidae，这些科已知物种共计 91 种。据《云南蝗虫区系、分布格局及适应特性》《中国蟋蟀总科和蝼蛄总科分类概要》《中国动物志·昆虫纲·第十二卷·直翅目·蚱总科》和郑哲民（1998）关于西双版纳地区蚱总科的研究记载，上述 6 个科共计 245 种。红河地区上述科已知物种占云南省已知物种的 37.14%（表 2-10）。

表2-10　红河地区直翅目昆虫主要科物种数比较分析

科	红河地区物种数	云南省物种数	红河地区物种占云南省物种比例（%）
斑腿蝗科	38	133	28.57
蚱科	23	28	82.14

（续）

科	红河地区物种数	云南省物种数	红河地区物种占云南省物种比例（%）
刺翼蚱科	10	13	76.92
斑翅蝗科	8	25	32.00
短翼蚱科	6	11	54.55
蟋蟀科	6	35	17.14

2.1.2.3　半翅目

（1）半翅目属级水平分析。红河地区半翅目昆虫属一级的组成中，少于 5 个属的科有 26 个，占全部科的 65%，这些科共有 54 个属，占全部属的 19.85%；含有 5~10 个属的科有 9 个，占全部科的 22.50%，这些科共有 65 个属，占全部属的 23.90%；大于 10 个属的科有 5 个，分别是蝽科 Pentatomidae、猎蝽科 Reduviidae、长蝽科 Lygaeidae、叶蝉科 Cicadellidae、缘蝽科 Coreidae，占全部科的 12.50%，这些科共有 153 个属，占全部属的 56.25%（表 2–11）。

表2–11　红河地区半翅目昆虫属级水平分析

科内属数	科数	占全部科的比例（%）	含有的属数	占全部属的比例（%）
＜5	26	65.00	54	19.85
5~10	9	22.50	65	23.90
＞10	5	12.50	153	56.25
合计	40	100	272	100

（2）半翅目种级水平分析。红河地区半翅目昆虫种一级的组成中，少于 10 个种的科有 28 个，占全部科的 70%，这些科共含有 92 个种，占全部种的 21.85%；含有 10~30 个种的科有 8 个，占全部科的 20%，这些科共含有 114 个种，占全部种的 27.08%；大于 30 个种的科有 4 个，分别是蝽科 Pentatomidae、猎蝽科 Reduviidae、叶蝉科 Cicadellidae、缘蝽科 Coreidae，占全部科的 10%，这些科共含有 215 个种，占全部种的 51.07%（表 2–12）。

表2-12 红河地区半翅目昆虫种级水平分析

科内种数	科数	占全部科的比例（%）	含有的种数	占全部种的比例（%）
＜10	28	70.00	92	21.85
10~30	8	20.00	114	27.08
＞30	4	10.00	215	51.07
合计	40	100	421	100

（3）主要科比较分析。按所含种计，红河地区半翅目昆虫前4个科分别是蝽科 Pentatomidae、猎蝽科 Reduviidae、缘蝽科 Coreidae、叶蝉科 Cicadellidae，这些科已知物种共计215种。据章士美等（1983）整理，云南省蝽科 Pentatomidae（短喙蝽亚科、益蝽亚科、蝽亚科）昆虫共计135种，据《云南森林昆虫》记载，猎蝽科 Reduviidae 137种，缘蝽科 Coreidae（棒缘蝽亚科、巨缘蝽亚科、缘蝽亚科）108种，叶蝉科 Cicadellidae 100种。红河地区上述科已知物种占云南省的44.79%。盲蝽科是半翅目最大的科之一，但据本次统计红河地区目前共计10种，据《中国动物志·昆虫纲·第三十三卷·半翅目·盲蝽科·盲蝽亚科》和《中国动物志·昆虫纲·第六十二卷·半翅目·盲蝽科（二）·合垫盲蝽亚科》记载，云南省盲蝽共计115种，红河地区仅占8.70%（表2-13）。

表2-13 红河地区半翅目昆虫主要科物种数比较分析

科	红河地区物种数	云南省物种数	红河地区物种占云南省物种比例（%）
蝽科 Pentatomidae	65	135	48.15
猎蝽科 Reduviidae	57	137	41.61
缘蝽科 Coreidae	51	108	47.22
叶蝉科 Cicadellidae	42	100	42.00
盲蝽科 Miridae	10	115	8.70

2.1.2.4 鞘翅目

（1）鞘翅目属级水平分析。红河地区鞘翅目昆虫属一级的组成中，少于5个属的科有18个，占全部科的54.55%，这些科共有34个属，占全部属的11.89%；含有5~10个属的科有9个，占全部科的27.27%，这些科共有59个属，占全部属的20.63%；大于10个属的科有6个，分别是天牛科 Cerambycidae、叶甲科 Chrysomeloidae、瓢虫科 Coccinellidae、象甲科 Curculionidae、铁甲科 Hispidae、龟甲科 Cassididae，占全部科的 18.18%，这些科共有 193 个属，占全部属的 67.48%（表 2–14）。

表2–14 红河地区鞘翅目昆虫属级水平分析

科内属数	科数	占全部科的比例（%）	含有的属数	占全部属的比例（%）
＜5	18	54.55	34	11.89
5~10	9	27.27	59	20.63
＞10	6	18.18	193	67.48
合计	33	100	286	100

（2）鞘翅目种级水平分析。红河地区鞘翅目昆虫种一级的组成中，少于 10 个种的科有 21 个，占全部科的 63.64%，这些科共有 66 个种，占全部种的 12.36%；含有 10~30 个种的科有 7 个，占全部科的 21.21%，这些科共含有 122 个种，占全部种的 22.85%；大于 30 个种的科有 5 个，分别是天牛科 Cerambycidae、铁甲科 Hispidae、瓢虫科 Coccinellidae、叶甲科 Chrysomeloidae、龟甲科 Cassididae，占全部科的 15.15%，这些科共含有 346 个种，占全部种的 64.79%（表 2–15）。

表2–15 红河地区鞘翅目昆虫种级水平分析

科内种数	科数	占全部科的比例（%）	含有的种数	占全部种的比例（%）
＜10	21	63.64	66	12.36
10~30	7	21.21	122	22.85
＞30	5	15.15	346	64.79
合计	33	100	534	100

（3）主要科比较分析。按所含种计，红河地区鞘翅目昆虫前 5 个科分别是天牛科 Cerambycidae、铁甲科 Hispidae、瓢虫科 Coccinellidae、叶甲科 Chrysomeloidae、龟甲科 Cassididae，这些科已知物种共计 346 种。据《中国动物志·昆虫纲·鞘翅目》系列著作、《云南森林昆虫》和《云南瓢虫志》记载，上述 5 个科共计 933 种。红河地区上述科已知物种占云南省的 37.08%（表 2–16）。

表2-16 红河地区鞘翅目昆虫主要科物种数比较分析

科	红河地区物种数	云南省物种数	红河地区物种占云南省物种比例（%）
天牛科 Cerambycidae	123	325	37.85
铁甲科 Hispidae	70	162	43.21
瓢虫科 Coccinellidae	57	191	29.84
叶甲科 Chrysomeloidae	54	157	34.39
龟甲科 Cassididae	42	98	42.86

2.1.2.5 鳞翅目

（1）鳞翅目属级水平分析。红河地区鳞翅目昆虫属一级的组成中，少于 10 个属的科有 21 个，占全部科的 60%，这些科共有 56 属，占全部属的 15.14%；含有 10~20 个属的科有 8 个，占全部科的 22.86%，这些科共有 118 属，占全部属的 31.89%；大于 20 个属的科有 6 个，分别是天蛾科 Sphingidae、灯蛾科 Arctiidae、弄蝶科 Hesperiidae、灰蝶科 Lycaenidae、夜蛾科 Noctuidae、蛱蝶科 Nymphalidae，占全部科的 17.14%，这些科共有 196 属，占全部属的 52.97%（表 2–17）。

表2-17 红河地区鳞翅目昆虫属级水平分析

科内属数	科数	占全部科的比例（%）	含有的属数	占全部属的比例（%）
＜10	21	60.00	56	15.14
10~20	8	22.86	118	31.89
＞20	6	17.14	196	52.97
合计	35	100	370	100

（2）鳞翅目种级水平分析。红河地区鳞翅目昆虫种一级的组成中，少于 10 个种的科有 17 个，占全部科的 48.57%，这些科共有 52 种，占全部种的 7.40%；含有 10~30 个种的科有 9 个，占全部科的 25.71%，这些科共有 155 种，占全部种的 22.05%；大于 30 个种的科有 9 个，分别是天蛾科 Sphingidae、灯蛾科 Arctiidae、凤蝶科 Prionerisnidae、夜蛾科 Noctuidae、粉蝶科 Pieridae、眼蝶科 Satyridae、弄蝶科 Hesperiidae、灰蝶科 Lycaenidae、蛱蝶科 Nymphalidae，占全部科的 25.71%，这些科共有 496 种，占全部种的 70.55%（表 2–18）。

表2-18　红河地区鳞翅目昆虫种级水平分析

科内种数	科数	占全部科的比例（%）	含有的种数	占全部种的比例（%）
＜10	17	48.57	52	7.40
10~30	9	25.71	155	22.05
＞30	9	25.71	496	70.55
合计	35	100	703	100

2.1.2.6　双翅目

（1）双翅目属级水平分析。红河地区双翅目昆虫属一级的组成中，少于5个属的科有13个，占全部科的61.90%，这些科共有26属，占全部属的17.69%；含有5~10个属的科有2个，占全部科的9.52%，这些科共有10属，占全部属的6.80%；大于10个属的科有6个，分别是缟蝇科Lauxaniidae、丽蝇科Calliphoridae、水虻科Stratiomyoidae、长足虻科Dolichopodidae、寄蝇科Tachinidae、食蚜蝇科Syrphidae，占全部科的28.57%，这些科共有111属，占全部属的75.51%（表2-19）。

表2-19　红河地区双翅目昆虫属级水平分析

科内属数	科数	占全部科的比例（%）	含有的属数	占全部属的比例（%）
＜5	13	61.90	26	17.69
5~10	2	9.52	10	6.80
＞10	6	28.57	111	75.51
合计	21	100	147	100

（2）双翅目种级水平分析。红河地区双翅目昆虫种一级的组成中，少于10个种的科有13个，占全部科的61.90%，这些科共有47种，占全部种的14.92%；含有10~30个种的科有3个，占全部科的14.29%，这些科共有62种，占全部种的19.68%；大于30个种的科有5个，分别是水虻科Stratiomyoidae、寄蝇科Tachinidae、缟蝇科Lauxaniidae、食蚜蝇科Syrphidae、长足虻科Dolichopodidae，占全部科的23.81%，这些科共有206种，占全部种的65.40%（表2-20）。

表2-20 红河地区双翅目昆虫种级水平分析

科内种数	科数	占全部科的比例（%）	含有的种数	占全部种的比例（%）
＜10	13	61.90	47	14.92
10~30	3	14.29	62	19.68
＞30	5	23.81	206	65.40
合计	21	100	315	100

（3）主要科比较分析。据所含种统计，红河地区双翅目昆虫前5个科分别是长足虻科 Dolichopodidae、食蚜蝇科 Syrphidae、缟蝇科 Lauxaniidae、寄蝇科 Tachinidae、水虻科 Stratiomyoidae。据《中国动物志·昆虫纲·第五十三卷·双翅目·长足虻科》统计云南长足虻科昆虫共计243种，《中国动物志·昆虫纲·第五十卷·双翅目·食蚜蝇科》统计云南食蚜蝇科昆虫共计157种，据李文亮（2014）系统分类研究统计云南缟蝇科昆虫共计140种，《中国蝇类》统计云南寄蝇科昆虫共计228种，《中国水虻总科志》统计云南水虻科昆虫共计110种，5个科共计878种。红河地区上述科已知物种206种，占云南省的23.46%。云南省蚊科已知296种，红河地区蚊科昆虫已知5种，只占云南省的1.69%（表2-21）。

表2-21 红河地区双翅目昆虫主要科物种数比较分析

科	红河地区物种数	云南省物种数	红河地区物种占云南省物种比例（%）
长足虻科 Dolichopodidae	66	243	27.16
食蚜蝇科 Syrphidae	41	157	26.11
缟蝇科 Lauxaniidae	36	140	25.71
寄蝇科 Tachinidae	32	228	14.04
水虻科 Stratiomyoidae	31	110	28.18
蚊科 Culicidae	5	296	1.69

2.1.2.7 膜翅目

（1）膜翅目属级水平分析。红河地区膜翅目昆虫属一级的组成中，少于5个属的科有16个，占全部科的72.73%，这些科共有27属，占全部属的19.57%；含有5~15个属的科有5个，占全部科的22.73%，这些科共有50属，占全部属的36.23%；大于15个属的科有1个（蚁科 Formicidae），占全部科的4.55%，该科共有61属，占全部属的44.20%（表2-22）。

表2-22　红河地区膜翅目昆虫属级水平分析

科内属数	科数	占全部科的比例（%）	含有的属数	占全部属的比例（%）
＜5	16	72.73	27	19.57
5~15	5	22.73	50	36.23
＞15	1	4.55	61	44.20
合计	22	100	138	100

（2）膜翅目种级水平分析。红河地区膜翅目昆虫种一级的组成中，少于10个种的科有11个，占全部科的50.00%，这些科共有21种，占全部种的5.54%；含有10~30个种的科有8个，占全部科的36.36%，这些科共有106种，占全部种的27.97%；大于30个种的科有3个，分别是蚁科Formicidae、蜾蠃科Eumenidae、蜜蜂科Apidae，占全部科的13.64%，这些科共有252种，占全部种的66.49%（表2-23）。

表2-23　红河地区膜翅目昆虫种级水平分析

科内种数	科数	占全部科的比例（%）	含有的种数	占全部种的比例（%）
＜10	11	50.00	21	5.54
10~30	8	36.36	106	27.97
＞30	3	13.64	252	66.49
合计	22	100	379	100

（3）膜翅目蚁科分析。

① 属级水平分析。红河地区膜翅目蚁科昆虫属一级的组成中，少于5个属的亚科有4个，共5属，占全部亚科的50%，占全部属的8.25%；含有5~10个属的亚科有1个，共6属，占全部亚科的12.5%，占全部属的9.8%；大于10个属的亚科有3个，共50属，占全部亚科的37.5%，占全部属的82.0%（表2-24）。

表2-24　红河地区膜翅目蚁科昆虫属级水平分析

亚科内属数	亚科数	占全部亚科的比例（%）	含有的属数	占全部属的比例（%）
＜5	4	50.0	5	8.25
5~10	1	12.5	6	9.8
＞10	3	37.5	50	82.0
合计	8	100	61	100

②种级水平分析。红河地区膜翅目蚁科昆虫种一级的组成中，少于 10 个种的亚科有 4 个，占全部亚科的 50%，这些科共含有 12 个种，占全部种的 6.7%；含有 10~30 个种的亚科有 2 个，占全部亚科的 25%，这些亚科共含有 44 个种，占全部种的 24.4%；大于 30 个种的亚科有 2 个，占全部亚科的 25%，这些亚科共含有 124 个种，占全部种的 68.9%（表 2–25）。

表2–25 红河地区膜翅目蚁科昆虫种级水平分析

科内种数	亚科数	占全部亚科的比例（%）	含有的种数	占全部种的比例（%）
＜10	4	50.0	12	6.7
10~30	2	25.0	44	24.4
＞30	2	25.0	124	68.9
合计	8	100	180	100

红河地区膜翅目蚁科昆虫包含物种数最多的前 3 个亚科分别为切叶蚁亚科 Myrmicinae、蚁亚科 Formicinae、猛蚁亚科 Ponerinae，已知物种共计 150 种（占总物种数的 83.3%）。据 http://antmaps.org 统计，云南省共有膜翅目蚁科昆虫 9 亚科 93 属 530 种，红河地区膜翅目蚁科昆虫占云南省的 33.96%。据 http://antwiki.org 统计，全国共有膜翅目蚁科昆虫 9 亚科 117 属 1023 种，红河地区膜翅目蚁科昆虫占全国的 17.60%（表 2–26）。

表2–26 红河地区膜翅目蚁科昆虫比较分析

科	红河地区物种数	云南省物种数	红河占云南比例（%）	全国物种数	红河占全国比例（%）
猛蚁亚科	26	86	30.23	120	21.67
钝猛蚁亚科	1	12	8.33	15	6.67
卷尾猛蚁亚科	0	8	—	15	—
行军蚁亚科	5	28	17.86	49	10.20
细蚁亚科	1	7	14.29	11	9.09
伪切叶蚁亚科	5	12	41.67	15	33.33
切叶蚁亚科	66	219	30.14	456	14.47
臭蚁亚科	18	31	58.06	44	40.91
蚁亚科	58	127	45.67	298	19.46
合计	180	530	33.96	1023	17.60

2.2　红河地区其他类群研究概况

《滇东南红河地区种子植物》和《中国滇南第一峰——西隆山种子植物》，以及各保护区的科考报告集，对植物和脊椎动物的报道均较全面，相比之下，红河地区昆虫的研究就薄弱许多。

2.2.1　植物多样性

中国种子植物有 29924 种，其中裸子植物 10 科 45 属 313 种，被子植物 249 科 2899 属 29611 种。云南省种子植物有 14539 种，占全国的 49%，其中裸子植物 10 科 32 属 106 种，被子植物 244 科 2367 属 14433 种。红河州地处滇东南西部，有野生种子植物 5671 种，占云南省的 39%，其中裸子植物 8 科 17 属 29 种，被子植物 221 科 1513 属 5642 种（表 2–27）。

表2–27　种子植物多样性

类群	中国			云南省			红河地区		
	科	属	种	科	属	种	科	属	种
裸子植物	10	45	313	10	32	106	8	17	29
被子植物	249	2899	29611	244	2367	14433	221	1513	5642
合计	259	2944	29924	254	2399	14539	229	1530	5671

2.2.2　动物多样性

中国哺乳动物有 56 科 248 属 693 种，云南省有 310 种，红河地区哺乳动物 199 种，其种类占云南省的 64%。中国鸟类有 109 科 497 属 1445 种，云南省有 945 种，其中红河地区有 349 种，占云南省的 37%。中国两栖类有 4 目 14 科 64 属 564 种，云南省有 4 目 13 科 45 属 185 种，红河地区 2 目 7 科 15 属 56 种，占云南省的 30%（表 2–28）。

图2–28　部分脊椎动物物种多样性

类群	中国	云南省	红河地区	红河地区物种数占云南省的比例（%）
哺乳动物	693	310	199	64.19
鸟类	1445	945	349	36.93
两栖类	564	185	56	30.27

2.3 小 结

红河地区动植物的调查较成熟、完整，分析结果显示，红河地区动植物资源丰富，均达全省的30%以上，红河地区昆虫已知种类仅占全省的13.54%。目内科属种的数量结构分析表明，在红河地区昆虫物种组成中，无论是科一级还是属一级或种一级，都是以鳞翅目、鞘翅目、半翅目、膜翅目、双翅目为主要组成部分。虽然直翅目和蜻蜓目的科属种数量相对较少，但相对于云南省的比例和上述5目不相上下，尤其蜻蜓目比例高达32.12%。然而，蜻蜓目、直翅目、半翅目、鞘翅目、鳞翅目、双翅目、膜翅目7个主要目，仅占全省7目已知种类的14.36%。

各大目、科内属、种的数量结构分析也表明，属一级或种一级都是以大科为主要的组成部分，但相对于云南省各科数量，部分大科的比例偏低，调查稍显不足。就红河地区蜻蜓目昆虫而言，春蜓科 Gomphidae、蜻科 Libellulidae 昆虫是其重要的组成部分，但春蜓科 Gomphidae 昆虫数量仅占云南省该科昆虫的24.14%；色蟌科 Calopterygidae 昆虫虽然数量较少，但占整个云南省色蟌科昆虫的47.37%，扇蟌科 Platycnemididae 和蜓科 Aeschnidae 占云南省各科比例均不足25%，尤其是蜓科 Aeschnidae 仅占13.89%。红河地区直翅目昆虫以斑腿蝗科 Catantopidae 和蚱科 Tetrigidae 为主要组成部分，但斑腿蝗科仅占云南省该科昆虫的28.57%；刺翼蚱科 Scelimenidae 和短翼蚱科 Metrodoridae 虽然数量较少，但占云南省比例均达50%以上。红河地区半翅目昆虫以蝽科 Pentatomidae、猎蝽科 Reduviidae、叶蝉科 Cicadellidae、缘蝽科 Coreidae 为主要组成部分，相对于云南省各科的比例也均达40%以上，但红河地区半翅目昆虫已知物种数仅占云南省已知物种数13.53%，说明其余科的调查极其不足，尤其是盲蝽科，该科为半翅目大科之一，但红河地区记载仅占云南省该科昆虫物种数的8.7%。红河地区鞘翅目昆虫以天牛科 Cerambycidae、铁甲科 Hispidae、瓢虫科 Coccinellidae、叶甲科 Chrysomeloidae、龟甲科 Cassididae 为主要组成部分，各科占云南省比例均达30%或以上，但红河地区鞘翅目昆虫仅占云南省该目昆虫的12.10%。红河地区鳞翅目昆虫物种数最多，以天蛾科 Sphingidae、灯蛾科 Arctiidae、凤蝶科 Prionerisnidae、夜蛾科 Noctuidae、粉蝶科 Pieridae、眼蝶科 Satyridae、弄蝶科 Hesperiidae、灰蝶科 Lycaenidae、蛱蝶科 Nymphalidae 为主要组成部分，但仅占云南省该目昆虫的14.49%。红河地区双翅目以水虻科 Stratiomyoidae、寄蝇科 Tachinidae、缟蝇科 Lauxaniidae、食蚜蝇科

Syrphidae、长足虻科 Dolichopodidae 为主要组成部分。除寄蝇科仅占云南省该科昆虫的 14.04% 以外，其余科均达 25% 以上，但该目昆虫仅占云南省的 11.89%，红河地区蚊科研究较为薄弱，仅占云南省该科昆虫的 1.69%。红河地区膜翅目昆虫以蚁科 Formicidae 昆虫为主要组成部分，占红河地区该目昆虫的 47.49%，占云南省该科昆虫的 33.96%，但红河地区膜翅目昆虫仅占云南省的 19.14%，其余科明显调查不足。红河地区蚁科昆虫中切叶蚁亚科和蚁亚科数量最多，伪切叶蚁亚科和臭蚁亚科昆虫数量虽然相对较少，但分别占云南省各亚科的 41.67% 和 58.06%。

总体上，相较于植物资源和其他动物类群的调查，红河地区昆虫资源的调查是明显不足的，但也有调查相对充分的目如蜻蜓目，各目中也有调查相对充分的科，如膜翅目蚁科等。

第3章 红河地区不同生境昆虫群落多样性

3.1 红河地区不同生境类型总体昆虫群落多样性

3.1.1 生境类型

按照生境组成主要成分，将生境划分为5个类型：保护区内森林生境（I）、保护区内农林复合生境（II）、保护区外森林生境（III）、保护区外农林复合生境（IV），以及农田生境（V）。以本次调查数据为主，分析不同生境昆虫群落多样性。

3.1.2 不同生境昆虫群落多样性比较

在形态种水平上，红河地区不同生境昆虫物种丰富度和多度均无显著差异（物种丰富度 F=0.789，P=0.502；多度 F=0.365，P=0.779）。森林生境相较于农林复合生境及农田生境，具有较高的昆虫多度和物种丰富度；保护区内森林生境具有最高的昆虫多度和物种丰富度，其次为保护区外森林生境，保护区外农林复合生境与农田生境昆虫多度和物种丰富度接近，而保护区内农林复合生境昆虫多度和物种丰富度最低（表3–1）。

表3–1 红河地区不同生境昆虫群落多样性比较

生境类型	物种丰富度（Mean ± SE）	多度（Mean ± SE）	Chao-1 估计值（Mean ± SE）
I	32.24 ± 6.19a	59.90 ± 10.40a	97.50 ± 28.20a
II	12.20 ± 2.42c	24.10 ± 7.43c	22.52 ± 3.88c
III	27.80 ± 5.08ab	53.47 ± 8.97ab	79.60 ± 20.20ab
IV	22.95 ± 1.62b	41.24 ± 3.22bc	56.38 ± 5.98bc
V	22.88 ± 1.95bc	42.44 ± 5.14abc	59.07 ± 7.59bc

注：生境类型I~V分别表示保护区内森林生境、保护区内农林复合生境、保护区外森林生境、保护区外农林复合生境、农田生境。

3.1.3　昆虫群落结构相似性

红河地区5种生境昆虫群落结构有显著差异（ANOSIM Global R=0.098，P=0.003）。其中，保护区森林的昆虫群落结构与其余类型生境的昆虫群落结构显著不相似。

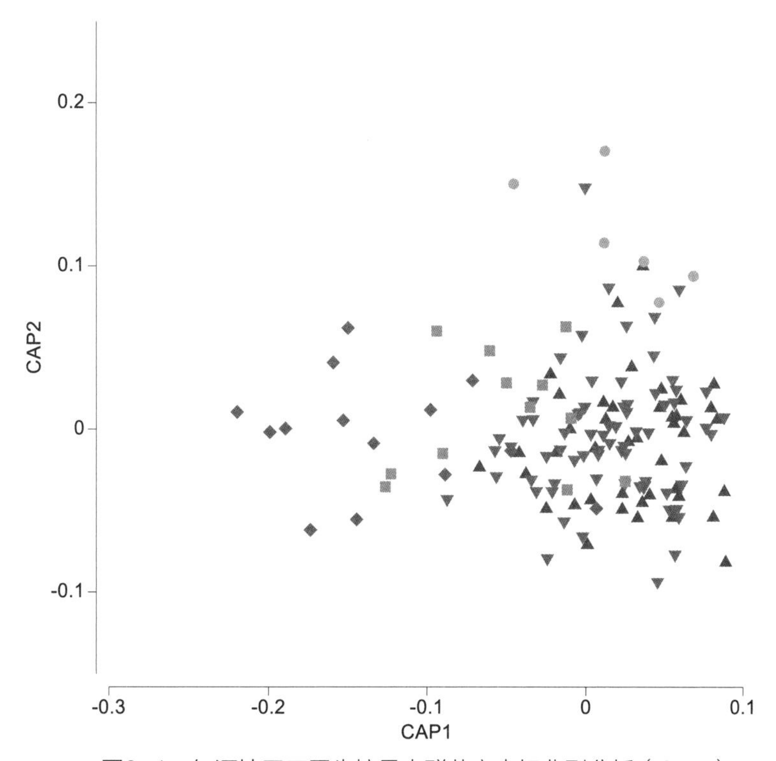

图3-1　红河地区不同生境昆虫群落主坐标典型分析（CAP）

注：图中◆、●、■、▼、▲图案分别表示保护区内森林生境、保护区内农林复合生境、保护区外森林生境、保护区外农林复合生境、农田生境。

3.1.4　昆虫生境特异性

5种生境类型昆虫群落的生境特异性指数有显著差异（F=2.71，P=0.032）。其中，保护区内森林生境的昆虫群落生境特异性指数显著高于保护区内外的农林复合生境。保护区内森林生境的昆虫群落生境特异性指数实测值显著高于期望值，而保护区内农林复合生境中昆虫群落生境特异性指数实测值显著低于期望值（图3–2）。保护区外森林生境、保护区外农林复合生境以及农田生境的昆虫群落生境特异性指数实测值与期望值无显著差异，实测值处于中间水平。

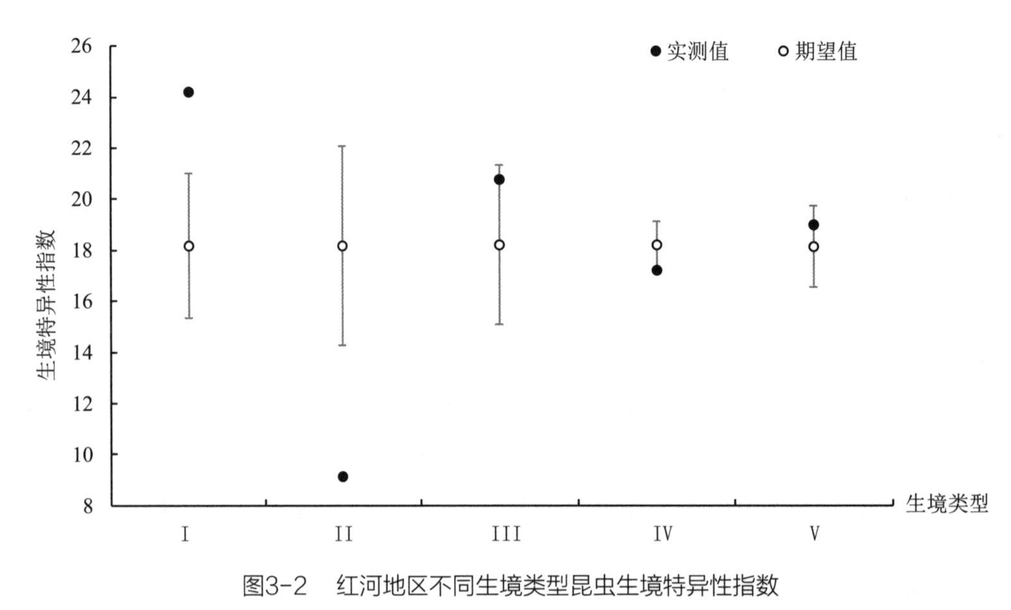

图3-2 红河地区不同生境类型昆虫生境特异性指数

注：生境类型 I~V 分别表示保护区内森林生境、保护区内农林复合生境、保护区外森林生境、保护区外农林复合生境、农田生境。

3.2 红河地区不同生境类型各类群昆虫群落多样性

3.2.1 不同生境半翅目昆虫群落多样性比较

3.2.1.1 生境类型划分

由于环境过于破碎，在同一小环境内很难有纯的单一栖息环境。根据调查时记载的样线信息，以实地调查记录的植被类型为主，结合卫星影像确定调查样线 1km 范围内的植物类型及组成比例，将生境大致分为森林系统、农林系统、农耕系统。茶树多为林下种植，将其归为农林系统，灌草丛多生长于荒地、田埂、房前屋后，将其归为农耕系统（表 3-2）。

表3-2 半翅目昆虫分析生境系统划分

项目	森林系统	农林系统	农耕系统
植被类型	常绿阔叶林	杉木	荔枝
	天然次生林	橡胶林	香蕉
		桉树	水稻
		竹林	玉米

（续）

项目	森林系统	农林系统	农耕系统
植被类型		茶树	甘蔗 灌草丛 菠萝 番木瓜

根据样线中生境信息使用聚类分析将样线生境划分为 4 个类型（图 3–3）；类型 1 中森林系统占比约 95%，类型 2 中农耕系统占比约 77%，类型 3 中森林、农田、农耕系统占比均不低于 27%，类型 4 中农林系统占比约 75%。

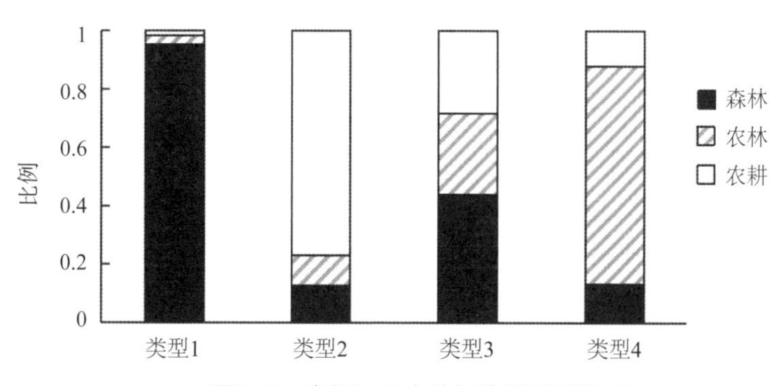

图3-3　半翅目昆虫分析生境类型组成

3.2.1.2　多样性比较

以物种丰富度、多度、Chao–1 估计值作为判断多样性程度的重要指标。不同生境类型半翅目昆虫的物种丰富度、多度、Chao–1 估计值见表 3–3。森林占比高的生境类型 1 物种丰富度、多度、Chao–1 估计值最高，森林系统、农耕系统、农林系统占比均衡的生境类型 3 次之，农耕系统占比高的生境物种丰富度、多度、

表3–3　不同生境类型半翅目昆虫多样性比较

生境类型	物种丰富度（Mean ± SE）	多度（Mean ± SE）	Chao-1 估计值（Mean ± SE）
类型 1	9.03 ± 1.14	20.72 ± 3.14	16.67 ± 2.97
类型 2	4.33 ± 0.45	8.30 ± 0.97	6.88 ± 0.99
类型 3	5.55 ± 0.56	10.84 ± 1.36	9.36 ± 1.22
类型 4	5.07 ± 0.58	9.97 ± 1.56	7.45 ± 0.96

注：类型 1~4 分别表示森林系统占突出优势的生境、农耕系统占优势的生境、无突出优势的生境、农林系统占优势的生境。

Chao–1 估计值均最低。整体上，不同生境类型物种丰富度、多度 、Chao–1 估计值均有显著差异（*P*=0.01、*P*=0.028、*P*=0.034），类型 1 物种丰富度、多度、Chao–1 估计值均和另外 3 种类型有显著差异。

3.2.1.3 半翅目昆虫分布情况

不同生境类型中物种分布比较均匀，锚纹二星蝽、大头隆胸长蝽广布于 4 种生境类型，三叶结角蝉、短肩棘缘蝽、暗绿巨蝽只分布于各生态系统占比相对均衡的生境类型中，叶胫猎蝽、无刺瓜蝽只分布于农耕系统占比高的生境中，狭叶束长蝽只分布于森林占比高的生境中，而筛豆龟蝽未见分布于森林系统占比高的生境，原因可能是筛豆龟蝽主要寄主是豆类等农业作物（图 3–4）。

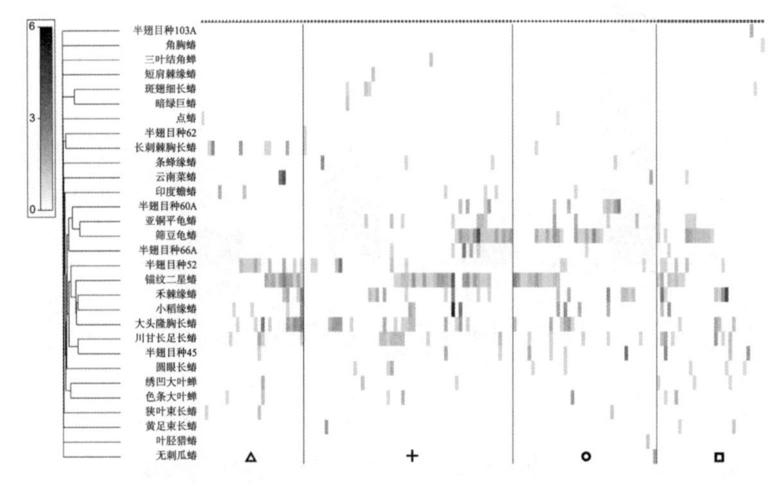

图3–4 不同生境类型半翅目昆虫分布阴影（30种）

注：图中△、+、○、□图案分别表示森林系统占突出优势的生境类型 1、农耕系统占优势的生境类型 2、无突出优势的生境类型 3、农林系统占优势的生境类型 4，下同。

3.2.1.4 群落结构相似性分析

整体上， 4 种生境类型群落结构显著不相似（*R*=0.052, *P*=0.003）。其中，生境类型 1 和其余生境类型群落结构显著不相似（表 3–4、图 3–5）。

表3–4 不同生境类型半翅目昆虫群落相似性成对比较

生境类型	1	2	3
类型 2	0.001		
类型 3	0.039	0.265	
类型 4	0.001	0.268	0.242

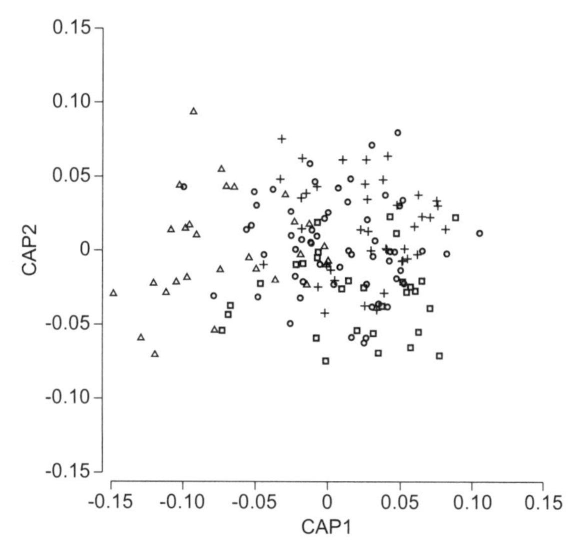

图3-5　不同生境类型半翅目昆虫群落主坐标典型分析（CAP）

3.2.1.5　生境特异性分析

比较不同类型生境中半翅目昆虫的差异发现，半翅目昆虫的生境特异性指数在不同类型生境之间存在极显著差异（F=5.239，P=0.001），类型 1、2、3 和类型 4 之间半翅目昆虫的生境特异性指数存在显著差异。类型 1 中半翅目昆虫的生境特异性实测值高于期望值，其余 3 种类型则相反。半翅目昆虫的生境特异性指数实测值从类型 1 的 5.94 到类型 2 的 2.84，类型 1 最高，类型 2 最低，而期望值从类型 1 的 3.82 到类型 2 的 3.76，波动较小，说明森林占比高的生境对半翅目昆虫的保护有积极作用（图 3-6）。

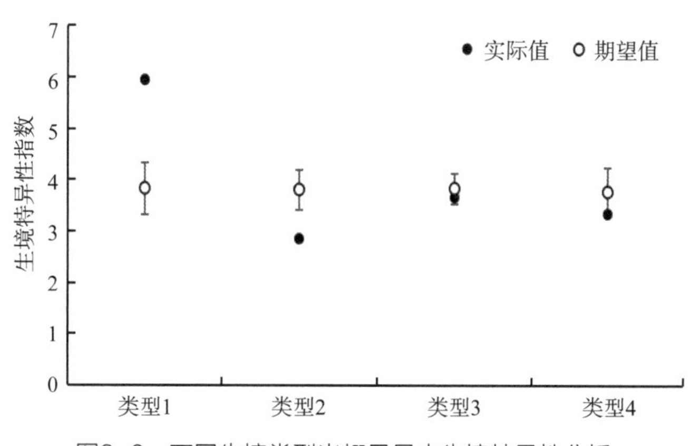

图3-6　不同生境类型半翅目昆虫生境特异性分析

3.2.2 不同生境双翅目昆虫群落多样性比较

3.2.2.1 生境类型划分

依据提取的植被覆盖度来划分生境类型，划分时以生境中不低于 60% 的植被来定义生境类型，在本研究中将生境类型分为天然林、人工林和农田。

3.2.2.2 不同生境双翅目昆虫物种组成

在已鉴定的物种中锯盾小蚜蝇 *Paragus crenulatus*、东方墨蚜蝇 *Melanostoma orientale*、黑带食蚜蝇 *Episyrphus balteatus* 和平曲突眼蝇 *Cyrtodiopsis plauto* 为广布物种，在 3 个生境中均有分布。长刺毛面水虻 *Campeprosopa longispina*、细腹食虫虻属 *Leptogaster* sp.、锥状姬蜂虻 *Systropus cylindratus*、西双版纳驼舞虻 *Hybos xishuangbannaensis*、棕腹长角蚜蝇 *Chrysotoxum baphrus*、爪哇异腹食蚜蝇 *Allograpta javana*、切黑狭口食蚜蝇 *Asarkina ericetorum*、黄腹狭口食蚜蝇 *Asarkina porcina*、梯斑墨蚜蝇 *Melanostoma scalare* 等只在天然林中分布，而亮斑扁角水虻 *Hermetia illucens*、斯里兰卡指突水虻 *Ptecticus srilankai*、印度带芒水虻 *Tinda indica* 等只在农田中出现（表 3–5）。

表3–5 不同生境类型双翅目昆虫物种组成

中文名	学名	天然林	人工林	农田
柯虻	*Tabanus cordiger*		1	
长刺毛面水虻	*Campeprosopa longispina*	1		
亮斑扁角水虻	*Hermetia illucens*			1
斯里兰卡指突水虻	*Ptecticus srilankai*			1
三色指突水虻	*Ptecticus tricolor*		1	
印度带芒水虻	*Tinda indica*			1
细腹食虫虻属	*Leptogaster* sp.	1		
中华姬蜂虻	*Systropus chinensis*		2	
锥状姬蜂虻	*Systropus cylindratus*	1		
贵州姬蜂虻	*Systropus guizhouensis*		1	1
茅氏姬蜂虻	*Systropus maoi*			1
西双版纳驼舞虻	*Hybos xishuangbannaensis*	3		
雅长足虻属	*Amblypsilopus* sp.			1
佗头蝇属	*Tomosvaryella* sp.			1
棕腹长角蚜蝇	*Chrysotoxum baphrus*	4		
锯盾小蚜蝇	*Paragus crenulatus*	2	6	1

（续）

中文名	学名	天然林	人工林	农田
刻点小蚜蝇	*Paragus tibialis*		4	2
爪哇异腹食蚜蝇	*Allograpta javana*	1		
黑胫异食蚜蝇	*Allograpta nigritibia*		1	
切黑狭口食蚜蝇	*Asarkina ericetorum*	1		
黄腹狭口食蚜蝇	*Asarkina porcina*	2		
狭带贝食蚜蝇	*Betasyrphus serarius*		1	1
东方墨蚜蝇	*Melanostoma orientale*	5	1	2
梯斑墨蚜蝇	*Melanostoma scalare*	1		
直颜墨蚜蝇	*Melanostoma univitatum*			2
离缘垂边食蚜蝇	*Epistrophe grossulariae*	4		
黑带食蚜蝇	*Episyrphus balteatus*	12	19	5
宽带优食蚜蝇	*Eupeodes confrater*		1	
绿色细腹食蚜蝇	*Sphaerophoria viridaenea*		2	
东方粗股蚜蝇	*Syritta orientalis*		2	3
东方棒腹蚜蝇	*Sphegina orientalis*		3	
斑腹粉颜蚜蝇	*Mesembrius bengalensis*		1	1
裸芒宽盾蚜蝇	*Phytomia errans*			1
羽芒宽盾蚜蝇	*Phytomia zonata*		1	
黄边平颜蚜蝇	*Eumerus figurans*			1
棕腿斑眼蚜蝇	*Eristalinua arvorum*			1
黑股斑眼蚜蝇	*Eristalinus paria*	1	1	
亮黑斑眼蚜蝇	*Eristalinus tarsalis*	1		
灰带管蚜蝇	*Eristalis cerealis*	1		
长尾管蚜蝇	*Eristalis tenax*			1
黑足缺伪蚜蝇	*Graptomyza nigripes*	1		
四斑鼻颜蚜蝇	*Rhingia binotata*	1		
褐线黄斑蚜蝇	*Xanthogramma coreanum*		1	
洛灯寄蝇	*Tachina rohdendorfiana*		1	
黄长足寄蝇	*Dexia flavida*	1		
比贺寄蝇	*Hermya beelzebul*	1	1	
黑贺寄蝇	*Hermya nigra*	1		
萨毛瓣寄蝇	*Nemoraea sapporensis*	1		
巨型毛瓣寄蝇	*Nemoraea titan*	3		
火红寄蝇	*Tachina ardens*	1		

（续）

中文名	学名	天然林	人工林	农田
平曲突眼蝇	*Cyrtodiopsis plauto*	1	14	5
中国突眼蝇	*Diopsis chinica*			1
陈氏泰突眼蝇	*Teleopsis cheni*	1	7	
云南泰突眼蝇	*Teleopsis yunnana*			1
桔小实蝇	*Bactrocera dorsalis*	1	1	
黑膝实蝇	*Bactrocera scutellaris*	1		
南瓜实蝇	*Bactrocera tau*	1	7	
苹果实蝇	*Rhagoletis pomonella*			1

3.2.2.3 群落多样性比较

不同生境物种丰富度、多度开方和 Chao–1 估计值开方有显著差异（物种丰富度 $F_{(2,77)}$=3.813，P=0.026；多度开方 $F_{(2,77)}$=4.865，P=0.010；Chao–1 估计值开方 $F_{(2,77)}$=3.312，P=0.042）。从物种丰富度、多度开方和 Chao–1 估计值来说，天然林物种丰富度最高，人工林次之，农田最低。其中，天然林和人工林物种丰富度显著高于农田，天然林和人工林物种丰富度无显著差异；天然林多度开方显著高于人工林和农田，人工林和农田多度开方无显著差异；天然林和人工林 Chao–1 估计值显著高于农田，天然林和人工林 Chao–1 估计值无显著差异（表 3–6）。

表3–6　不同生境类型双翅目昆虫多样性

生境类型	物种丰富度（Mean ± SE）	多度（Mean ± SE）	Chao-1 估计值（Mean ± SE）
天然林	7.94 ± 1.24a	3.06 ± 0.24a	4.70 ± 0.83a
人工林	5.08 ± 1.00a	2.31 ± 0.19b	3.17 ± 0.49a
农田	3.27 ± 0.59b	1.90 ± 0.23b	2.36 ± 0.35b

3.2.2.4 群落结构相似性

3 种生境类型双翅目昆虫群落结构不存在显著差异 (ANOSIM Global R=0.008, P=0.209) (图 3–6)。

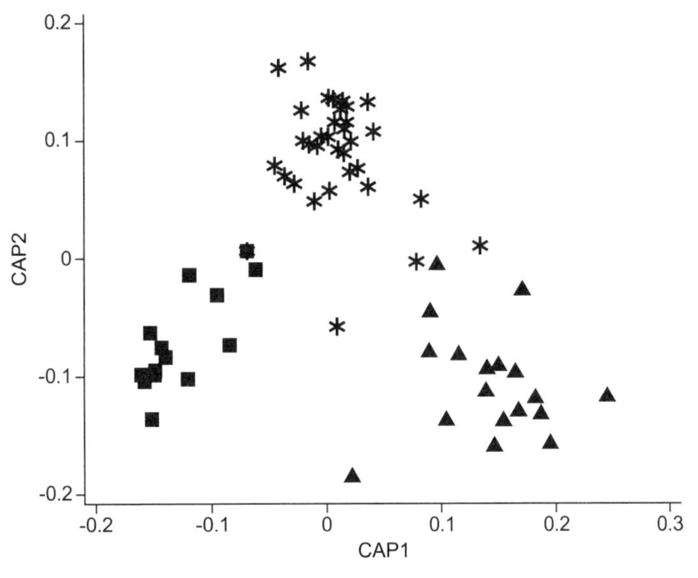

图3-6　不同生境类型双翅目昆虫群落结构（CAP）

注：图中▲、＊、■图案分别表示天然林、人工林及农田生境。

3.2.2.5　β多样性比较

不同生境β多样性不同，人工林 Routledge 指数最高、农田次之、天然林最低；人工林 Wilson-Shmida 指数最高、农田次之、天然林最低（表 3-7）。

表3-7　不同生境类型双翅目昆虫β多样性

指数	天然林	人工林	农田
Routledge	1.059	1.2261	1.1409
Wilson-Shmida	16.678	38.227	20.472

3.2.3　不同生境膜翅目昆虫群落多样性比较

3.2.3.1　生境类型划分

将主要生境类型合并为天然林、人工林和农田 3 类（表 3-8）。

表3-8　生境类型划分情况

生境类型	典型生境
天然林	包括原始植被以及受干扰的天然次生林
人工林	人工种植乔木林（橡胶林、杉木林、桉树林、柚木等）、灌木林（茶园、咖啡林等）
农田	人工种植的农作物（玉米、水稻、香蕉园、百香果、火龙果、甘蔗等）以及周边灌草丛、从事大量农业工作活动的生境

3.2.3.2 物种组成

3 种不同生境中共采集 787 头 252 种（含形态种），已鉴定 136 种隶属于 21 科 52 属。其中，物种数最高的类群为蜜蜂科（39.26%），其次为胡蜂科（8.89%）、蜾蠃科（6.99%）、泥蜂科（5.08%），其余各科均小于 5%。农田共采集标本 219 头，隶属于 18 科 34 属 84 种；人工林共采集标本 352 头，隶属于 16 科 39 属 141 种；森林共采集标本 216 头，隶属于 15 科 27 属 103 种。各生境膜翅目科级水平物种多度见表 3–9。

表3–9 不同生境膜翅目科级多度及其在各生境类型中的分布

科	生境类型			多度占比（%）
	天然林	人工林	农田	
方头泥蜂科	1	—	—	0.13
钩土蜂科	2	1	—	0.38
蜾蠃科	4	29	22	6.99
胡蜂科	20	27	23	8.89
姬蜂科	19	2	2	2.92
茧蜂科	—	—	1	0.13
铃腹胡蜂科	—	11	3	1.78
马蜂科	1	7	10	2.29
蜜蜂科	93	134	82	39.26
泥蜂科	2	19	19	5.08
旗腹蜂科	1	—	1	0.25
切叶蜂科	2	7	3	1.52
青蜂科	—	1	1	0.25
隧蜂科	—	17	11	3.56
土蜂科	5	23	11	4.96
狭腹胡蜂科	2	—	—	0.25
蚁蜂科	—	6	2	1.02
异腹胡蜂科	1	6	6	1.65
褶翅蜂科	1	—	1	0.25
褶翅小蜂科	—	1	—	0.13
蛛蜂科	3	7	5	1.91
其他	59	54	16	16.39
总计	216	352	219	100

3.2.3.3 多样性比较

不同生境膜翅目昆虫物种丰富度（$F_{(2,124)}$=5.576, P=0.005），多度（$F_{(2,124)}$=5.966, P=0.003），Chao–1 估计值（$F_{(2,124)}$=3.834, P=0.024）差异显著（表 3–10）。天然林膜翅目昆虫物种丰富度显著高于农田（P=0.026）和人工林（P=0.001）；天然林膜翅目昆虫物种多度显著高于农田和人工林；天然林膜翅目昆虫 Chao–1 估计值显著高于人工林（P=0.007），人工林和农田的膜翅目 Chao–1 估计值差异不显著。

表3–10 不同生境类型膜翅目昆虫多样性比较

生境类型	物种丰富度（Mean ± SE）	多度（Mean ± SE）	Chao-1 对数（Mean ± SE）
天然林	2.34 ± 0.2a	9.82 ± 1.45a	2.13 ± 0.29a
人工林	1.74 ± 0.08b	5.18 ± 0.63b	1.34 ± 0.14b
农田	1.89 ± 0.12b	5.92 ± 0.87b	1.56 ± 0.18ab

注：同列数据（平均值 ± 标准误）后不同小写字母表示在 $P < 0.05$ 水平差异显著，下同。

3.2.3.4 群落结构

各生境膜翅目昆虫群落结构差异不显著（ANOISM Global R=0.019, P=0.89）。然而，天然林和农田群落结构差异显著（P=0.043），天然林和人工林膜翅目群落结构差异不显著（图 3–7）。

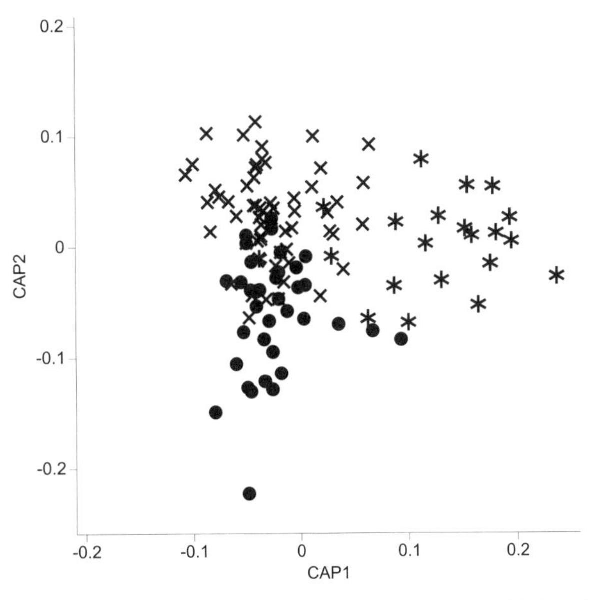

图3–7 不同生境类型膜翅目群落结构主坐标规范分析（CAP）

注：图中✱、×、●图案分别表示天然林、人工林及农田。

3.3 小 结

多项研究表明，森林生境对昆虫多样性有显著保护作用（Bastien et al.，2019）。本研究中，保护区内外的森林生境昆虫多样性明显优于其余类型生境。从生境特异性分析来看，保护区内外的森林生境对昆虫多样性保护均有显著贡献。半翅目、双翅目、膜翅目昆虫的分析也显示，森林生境对其多样性也有显著正向影响。相较于农田，森林植被组成复杂得多，更有利于昆虫多样性保护。森林生境相较于人工林生境、复合生境和农田生境人为干扰最小，减少人为干扰有利于昆虫多样性的保护。

保护区的建立在一定程度上对昆虫类群有保护意义（McNeely，2020），本研究中，保护区森林生境的昆虫群落结构和其余生境的昆虫群落结构有明显差异，说明生境的变化一定程度上改变了当地昆虫群落结构。保护区内的森林生境昆虫多样性明显高于保护区外的森林生境，且群落结构也有显著差异，进一步说明保护区外的森林生境在人为干扰等因素下昆虫群落结构也发生了较大改变。

综上所述，森林受人为干扰较小且植被类型更为丰富，是上述生境中最为稳定的生态系统，更利于昆虫多样性的维持和保护；保护区的建立，能在很大程度上屏蔽人类活动的干扰，植被的恢复和更新也比保护区外的生境更为充分，为昆虫栖息提供更多的生态位。环境改变使生境异质性降低，生物多样性随之降低（Nicholls et al.，2013；Reynolds et al.，2018）。调整生境间构型异质性能够有效增加生物多样性（刘娅萌等，2020），增加自然和半自然生境，提高生境异质性，优化生境组成，实现农业生境生物多样性的保护和维持，进而保护生物多样性。

第4章 红河地区昆虫多样性成因

4.1 红河地区昆虫群落多样性与环境因子相关分析

在生态学中，环境（environment）是指生物有机体周围一切事物的总和，包括空间以及其中可以直接或间接影响有机体生活和发展的各种因素。在昆虫生态学中，环境通常是指在一定空间范围内对某一昆虫或种群产生直接或间接影响的所有因子的总和，如温度、湿度、氧气、食物和其他相关生物等。这些环境因子影响昆虫的生长、发育、生殖和行为，改变昆虫的繁殖力和死亡率，并引起昆虫产生迁移，最终导致种群数量发生改变。

4.1.1 红河地区昆虫群落多样性与环境因子关系分析

4.1.1.1 昆虫物种丰富度与环境因子关系分析

红河地区昆虫物种丰富度与环境因子的关系回归模型具有统计学意义（X^2=401.70，$P < 0.01$）。整体来看，最热季平均温、最冷季平均温、植物 Shannon 指数均对昆虫物种丰富度具有显著的正向影响，而年平均温、植物 Simpson 指数和人口密度对昆虫物种丰富度有显著的负向影响。生境类型对昆虫物种丰富度有显著影响（X^2=55.61，$P < 0.01$），以保护区复合系统为基准，保护区森林、森林、复合系统和农田系统的昆虫物种丰富度显著，分别增加 0.603、0.695、0.498 及 0.631 个水平（表 4–1）。

表4–1 红河地区昆虫物种丰富度与环境因子泊松模型回归分析

项目	模型汇总			方差分析		
	系数	系数标准误	95% 置信区间	Z 值	X^2 值	P 值
回归					401.70	< 0.01
常量	4.511	2.987	(–1.343, 10.365)	1.51		0.13

（续）

项目	模型汇总			方差分析		
	系数	系数标准误	95% 置信区间	Z 值	X^2 值	P 值
年平均温	−2.979	0.398	(−3.760, −2.199)	−7.48	55.99	< 0.01
极端高温	0.029	0.139	(−0.243, 0.301)	0.21	0.04	0.84
极端低温	−0.097	0.082	(−0.258, 0.064)	−1.18	1.40	0.24
最热季平均温	1.700	0.248	(1.215, 2.186)	6.86	47.10	< 0.01
最冷季平均温	1.504	0.210	(1.094, 1.915)	7.18	51.51	< 0.01
年平均降水量	0.000	0.000	(−0.000, 0.000)	0.37	0.13	0.71
海拔	0.001	0.001	(−0.000, 0.002)	1.60	2.57	0.11
植物 Simpson 指数	−14.084	2.270	(−18.532, −9.635)	−6.20	38.50	< 0.01
植物 Shannon 指数	2.493	0.353	(1.800, 3.186)	7.05	49.73	< 0.01
植物 Evenness 指数	0.222	1.232	(−2.193, 2.638)	0.18	0.03	0.86
生境异质性指数	0.029	0.020	(−0.010, 0.068)	1.47	2.16	0.14
人口密度	−0.015	0.004	(−0.022, −0.007)	−3.71	13.77	< 0.01
乔木比例	0.673	0.860	(−1.012, 2.358)	0.78	0.61	0.43
灌草丛比例	0.930	0.859	(−0.753, 2.613)	1.08	1.17	0.28
农田系统比例	0.580	0.860	(−1.105, 2.264)	0.67	0.45	0.50
生境类型					55.61	< 0.01
保护区森林	0.603	0.116	(0.375, 0.830)	5.19		< 0.01
森林	0.695	0.108	(0.482, 0.907)	6.41		< 0.01
复合系统	0.498	0.095	(0.312, 0.684)	5.25		< 0.01
农田系统	0.631	0.115	(0.406, 0.857)	5.49		< 0.01

4.1.1.2 昆虫多度与环境因子关系分析

红河地区昆虫多度与环境因子的关系回归模型具有统计学意义（X^2=892.53，$P < 0.01$）。整体来看，最热季平均温、最冷季平均温、海拔、植物 Shannon 指数和植物 Evenness 指数对昆虫多度具有显著的正向影响，而年平均温、植物 Simpson 指数和人口密度对昆虫多度具有显著的负向影响。生境类型对昆虫多度有显著影响（X^2=174.20，$P < 0.01$），以保护区复合系统为基准，保护区森林、森林、复合系统和农田系统的昆虫多度显著相对分别增加 0.832、0.842、0.359 及 0.310 个水平（表 4–2）。

表4-2　红河地区昆虫多度与环境因子泊松模型回归分析

项目	模型汇总			方差分析		
	系数	系数标准误	95% 置信区间	*Z* 值	X^2 值	*P* 值
回归					892.53	< 0.01
常量	–3.154	2.220	(–7.506, 1.198)	–1.42		0.16
年平均温	–3.270	0.293	(–3.844, –2.697)	–11.17	124.75	< 0.01
极端高温	0.011	0.102	(–0.188, 0.210)	0.11	0.01	0.92
极端低温	–0.023	0.062	(–0.144, 0.097)	–0.38	0.15	0.70
最热季平均温	2.256	0.183	(1.897, 2.615)	12.31	151.52	< 0.01
最冷季平均温	1.506	0.155	(1.202, 1.810)	9.71	94.25	< 0.01
年平均降水量	–0.000	0.000	(–0.000, 0.000)	–0.66	0.44	0.51
海拔	0.002	0.000	(0.002, 0.003)	6.43	41.33	< 0.01
植物 Simpson 指数	–20.506	1.620	(–23.680, –17.332)	–12.66	160.30	< 0.01
植物 Shannon 指数	3.431	0.254	(2.933, 3.929)	13.51	182.46	< 0.01
植物 Evenness 指数	4.246	0.888	(2.505, 5.986)	4.78	22.86	< 0.01
生境异质性指数	–0.007	0.015	(–0.036, 0.021)	–0.49	0.24	0.62
人口密度	–0.018	0.004	(–0.026, –0.010)	–4.41	19.49	< 0.01
乔木比例	–0.645	0.688	(–1.992, 0.703)	–0.94	0.88	0.35
灌草丛比例	0.004	0.688	(–1.343, 1.352)	0.01	0.01	1.00
农田系统比例	–0.034	0.688	(–1.382, 1.315)	–0.05	0.01	0.96
生境类型					174.20	< 0.01
保护区森林	0.832	0.083	(0.668, 0.995)	9.97		< 0.01
森林	0.842	0.078	(0.690, 0.995)	5.25		< 0.01
复合系统	0.359	0.068	(0.225, 0.493)	3.73		< 0.01
农田系统	0.310	0.083	(0.147, 0.473)	10.84		< 0.01

4.1.2　各类群昆虫群落多样性与环境因子关系分析

4.1.2.1　半翅目昆虫多样性与环境因子关系分析

（1）半翅目昆虫物种丰富度与环境因子关系分析。泊松模型分析结果显示，红河地区半翅目昆虫物种丰富度与环境因子的关系回归模型具有统计学意义（X^2=158，$P < 0.01$）。整体来看，极端高温、海拔、植物 Shannon 指数、森林比例对半翅目昆虫物种丰富度具有显著的正向影响，而年均温、植物 Simpson 指数对半翅目昆虫物种丰富度具有显著的负向影响（表 4–3）。

表4-3　红河地区半翅目昆虫物种丰富度与环境因子泊松模型回归分析

项目	模型汇总			方差分析		
	系数	系数标准误	95% 置信区间	Z值	X^2值	P值
回归					158	< 0.01
常量	−7.006	6.921	(−20.570, 6.558)	−1.01		0.31
年均温	−2.786	0.927	(−4.602, −0.969)	−3.01	9.03	< 0.01
极端高温	0.887	0.331	(0.238, 1.536)	2.68	7.18	0.01
极端低温	0.308	0.182	(−0.048, 0.664)	1.7	2.87	0.09
最热季均温	1.017	0.61	(−0.178, 2.211)	1.67	2.78	0.1
最冷季均温	0.932	0.5	(−0.048, 1.912)	1.86	3.48	0.06
年均降水	0	0	(−0.000, 0.001)	0.46	0.21	0.64
海拔	0.003	0.001	(0.000, 0.005)	2.17	4.72	0.03
植物 Simpson 指数	−15.837	5.513	(−26.642, −5.032)	−2.87	8.25	< 0.01
植物 Shannon 指数	2.088	0.822	(0.477, 3.698)	2.54	6.46	0.01
植物 Evenness 指数	4.283	2.892	(−1.386, 9.952)	1.48	2.19	0.14
生境异质性指数	0.072	0.049	(−0.025, 0.168)	1.46	2.12	0.15
森林比例	0.679	0.234	(0.220, 1.138)	2.9	8.42	< 0.01
农林比例	0.354	0.267	(−0.170, 0.878)	1.32	1.75	0.19
香蕉种植比例	0.36	0.258	(−0.146, 0.866)	1.39	1.94	0.16
灌草丛比例	0.072	0.538	(−0.982, 1.126)	0.13	0.02	0.89

（2）半翅目昆虫多度与环境因子关系分析。泊松模型分析结果显示，红河地区半翅目昆虫多度与环境因子的关系回归模型具有统计学意义（X^2=378.55，$P < 0.01$）。整体来看，极端高温、极端低温、最热季均温、最冷季均温、海拔、植物 Shannon 指数、植物 Evenness 指数、生境异质性指数、森林比例、农林比例、香蕉种植比例对半翅目昆虫多度具有显著的正向影响，而年均温、植物 Simpson 指数均对半翅目昆虫多度具有显著的负向影响（表 4–4）。

表4-4　红河地区半翅目昆虫多度与环境因子泊松模型回归分析

项目	模型汇总			方差分析		
	系数	系数标准误	95% 置信区间	Z值	X^2值	P值
回归					378.55	< 0.01
常量	−11.122	4.891	(−20.709, −1.535)	−2.27		0.02
年均温	−2.096	0.643	(−3.356, −0.836)	−3.26	10.63	< 0.01

（续）

项目	模型汇总			方差分析		
	系数	系数标准误	95% 置信区间	Z值	X^2值	P值
极端高温	0.719	0.228	(0.273, 1.165)	3.16	9.99	< 0.01
极端低温	0.474	0.129	(0.221, 0.727)	3.67	13.49	< 0.01
最热季均温	0.893	0.427	(0.057, 1.729)	2.09	4.38	0.04
最冷季均温	0.567	0.348	(−0.116, 1.250)	1.63	2.65	0.1
年均降水	0	0	(−0.000, 0.001)	1.14	1.31	0.25
海拔	0.004	0.001	(0.002, 0.005)	4.45	19.76	< 0.01
植物 Simpson 指数	−21.695	3.782	(−29.108, −14.283)	−5.74	32.91	< 0.01
植物 Shannon 指数	2.939	0.557	(1.846, 4.031)	5.27	27.8	< 0.01
植物 Evenness 指数	8.871	2.019	(4.914, 12.828)	4.39	19.3	< 0.01
生境异质性指数	0.08	0.034	(0.013, 0.146)	2.35	5.54	0.02
森林比例	1.056	0.169	(0.724, 1.387)	6.24	38.98	< 0.01
农林比例	0.628	0.194	(0.248, 1.009)	3.24	10.48	< 0.01
香蕉种植比例	0.732	0.186	(0.366, 1.097)	3.93	15.42	< 0.01
灌草丛比例	0.091	0.374	(−0.642, 0.824)	0.24	0.06	0.81

4.1.2.2　鞘翅目昆虫多样性与环境因子关系分析

（1）鞘翅目昆虫物种丰富度与环境因子关系分析。泊松模型分析结果显示，鞘翅目昆虫物种丰富度与环境因子的关系回归模型具有统计学意义（X^2=174.52，$P < 0.01$）。整体来看，极端高温、最热季均温、最冷季均温及植物 Simpson 指数均对鞘翅目物种丰富度具有显著的正向影响，而年均温、植物 Evenness 指数和人口密度对鞘翅目物种丰富度具有显著的负向影响。人为干扰对鞘翅目物种丰富度有极显著影响（X^2=31.32，$P < 0.01$），以干扰程度 1 为基准，干扰程度 4 物种丰富度显著降低 0.501 个水平（表 4–5）。

表4–5　红河地区鞘翅目昆虫物种丰富度与环境因子泊松模型回归分析

项目	模型汇总			方差分析		
	系数	系数标准误	95% 置信区间	Z值	X^2值	P值
回归					174.52	< 0.01
常量	18.887	6.993	(5.180, 32.594)	2.70		0.01
年均温	−4.228	0.934	(−6.058, −2.397)	−4.53	20.50	< 0.01
极端高温	0.777	0.321	(0.149, 1.406)	2.43	5.88	0.02
极端低温	0.227	0.171	(−0.108, 0.562)	1.33	1.77	0.18

（续）

项目	模型汇总			方差分析		
	系数	系数标准误	95% 置信区间	Z值	X^2 值	P值
最热季均温	1.251	0.565	(0.144, 2.357)	2.22	4.91	0.03
最冷季均温	1.861	0.499	(0.883, 2.840)	3.73	13.89	< 0.01
年均降水	−0.000	0.000	(−0.001, 0.000)	−1.67	2.78	0.10
海拔	−0.000	0.001	(−0.002, 0.002)	−0.17	0.03	0.86
植物 Simpson 指数	1.013	5.064	(−8.913, 10.939)	0.20	0.04	0.84
植物 Shannon 指数	−0.230	0.763	(−1.724, 1.265)	−0.30	0.09	0.76
植物 Evenness 指数	−6.819	2.668	(−12.048, −1.590)	−2.56	6.53	0.01
生境异质性指数	0.168	0.043	(0.084, 0.251)	3.93	15.45	< 0.01
人口密度	−0.010	0.005	(−0.019, −0.000)	−2.02	4.07	0.04
乔木	−7.396	4.139	(−15.508, 0.717)	−1.79	3.19	0.07
灌草	−6.364	4.101	(−14.401, 1.673)	−1.55	2.41	0.12
农业	−7.285	4.127	(−15.373, 0.803)	−1.77	3.12	0.08
水域	−13.871	12.993	(−39.338, 11.595)	−1.07	1.14	0.29
干扰程度					31.32	< 0.01
程度 2	0.144	0.143	(−0.136, 0.423)	1.01		0.31
程度 3	0.033	0.128	(−0.217, 0.283)	0.26		0.80
程度 4	−0.501	0.138	(−0.770, −0.231)	−3.64		< 0.01
程度 5	−0.261	0.138	(−0.531, 0.010)	−1.89		0.06

（2）鞘翅目昆虫多度与环境因子关系分析。泊松模型分析结果显示，鞘翅目昆虫多度与环境因子的关系回归模型具有统计学意义（X^2=350.90，$P < 0.01$）。整体来看，极端高温、极端低温、最热季均温、最冷季均温及植物 Simpson 指数均对鞘翅目昆虫物种丰富度具有显著的正向影响，而年均温、植物 Evenness 指数及人口密度对鞘翅目昆虫物种丰富度具有显著的负向影响。人为干扰对鞘翅目昆虫物种丰富度有极显著影响（X^2=39.42，$P < 0.01$），以干扰程度 1 为基准，干扰程度 3~5 显著降低了 0.200、0.554 和 0.455 个水平（表 4–6）。

表4–6　红河地区鞘翅目昆虫多度与环境因子泊松模型回归分析

项目	模型汇总			方差分析		
	系数	系数标准误	95% 置信区间	Z值	X^2 值	P值
回归					350.90	< 0.01
常量	20.660	5.429	(10.019, 31.300)	3.81		< 0.01

（续）

项目	模型汇总			方差分析		
	系数	系数标准误	95% 置信区间	Z 值	X^2 值	P 值
年均温	−5.490	0.703	(−6.867, −4.113)	−7.81	61.05	< 0.01
极端高温	0.943	0.240	(0.473, 1.413)	3.93	15.45	< 0.01
极端低温	0.307	0.134	(0.045, 0.570)	2.29	5.27	0.02
最热季均温	1.669	0.438	(0.811, 2.527)	3.81	14.55	< 0.01
最冷季均温	2.206	0.377	(1.467, 2.946)	5.85	34.20	< 0.01
年均降水	−0.000	0.000	(−0.001, 0.000)	−0.81	0.66	0.42
海拔	−0.002	0.001	(−0.003, 0.000)	−1.87	3.49	0.06
植物 Simpson 指数	2.538	3.860	(−5.027, 10.102)	0.66	0.43	0.51
植物 Shannon 指数	−0.032	0.581	(−1.170, 1.106)	−0.06	0.00	0.96
植物 Evenness 指数	−9.740	2.088	(−13.833, −5.647)	−4.66	21.75	< 0.01
生境异质性指数	0.087	0.034	(0.020, 0.153)	2.54	6.47	0.01
人口密度	−0.011	0.005	(−0.020, −0.001)	−2.24	5.01	0.03
乔木	−1.510	3.229	(−7.838, 4.819)	−0.47	0.22	0.64
灌草	−0.828	3.202	(−7.105, 5.448)	−0.26	0.07	0.80
农业	−1.303	3.218	(−7.610, 5.004)	−0.40	0.16	0.69
水域	−9.312	9.910	(−28.735, 10.111)	−0.94	0.88	0.35
干扰程度					39.42	< 0.01
程度 2	−0.082	0.110	(−0.297, 0.134)	−0.74		0.46
程度 3	−0.200	0.098	(−0.392, −0.009)	−2.05		0.04
程度 4	−0.554	0.103	(−0.756, −0.351)	−5.36		< 0.01
程度 5	−0.455	0.104	(−0.659, −0.250)	−4.36		< 0.01

4.1.2.3　蝴蝶昆虫多样性与环境因子关系分析

（1）蝴蝶物种丰富度与环境因子关系分析。红河地区蝴蝶物种丰富度与环境因子的关系回归模型具有统计学意义（X^2=78.24，$P < 0.01$）。整体来看，环境因子对蝴蝶物种丰富度没有显著影响。植被丧失程度对蝴蝶物种丰富度具有显著影响（X^2=45.53，$P < 0.01$），以程度 1 为基准，程度 2~4 的蝴蝶丰富度分别降低了 0.559、0.692 和 0.905 个水平（表 4–7）。

表4-7 红河地区蝴蝶物种丰富度与环境因子泊松模型回归分析

项目	模型汇总			方差分析		
	系数	系数标准误	95% 置信区间	*Z* 值	X^2 值	*P* 值
回归					78.24	< 0.01
常量	2.668	7.501	(-12.033, 17.370)	0.36		0.72
年均温	0.187	1.024	(-1.820, 2.194)	0.18	0.03	0.85
极端高温	0.214	0.332	(-0.436, 0.864)	0.65	0.42	0.52
极端低温	-0.171	0.209	(-0.581, 0.240)	-0.81	0.66	0.42
最热季均温	-0.094	0.611	(-1.290, 1.103)	-0.15	0.02	0.88
最冷季均温	-0.135	0.543	(-1.200, 0.930)	-0.25	0.06	0.8
年均降水	-0.001	0	(-0.001, 0.000)	-1.39	1.93	0.16
海拔	-0.001	0.001	(-0.003, 0.002)	-0.4	0.16	0.69
植物 Simpson 指数	-5.688	5.604	(-16.673, 5.296)	-1.01	1.03	0.31
植物 Shannon 指数	0.886	0.894	(-0.867, 2.638)	0.99	0.98	0.32
植物 Evenness 指数	-0.698	3.035	(-6.646, 5.249)	-0.23	0.05	0.82
生境异质性指数	0.013	0.049	(-0.083, 0.110)	0.28	0.08	0.78
植被丧失程度					45.53	< 0.01
程度 2	-0.559	0.143	(-0.839, -0.278)	-3.9		< 0.01
程度 3	-0.692	0.123	(-0.934, -0.450)	-5.61		< 0.01
程度 4	-0.905	0.141	(-1.182, -0.628)	-6.41		< 0.01

（2）蝴蝶物种多度与环境因子关系分析。红河地区蝴蝶物种多度与环境因子的关系回归模型具有统计学意义（X^2=199.02，$P < 0.01$）。整体来看，环境因子对蝴蝶物种丰富度没有显著影响。植被丧失程度对蝴蝶多度具有显著影响（X^2=76.45，$P < 0.01$），以程度 1 为基准，程度 2、程度 3 和程度 4 的蝴蝶多度降低 0.52、0.694 和 1.012 个水平（表 4-8）。

表4-8 红河地区蝴蝶物种多度与环境因子泊松模型回归分析

项目	模型汇总			方差分析		
	系数	系数标准误	95% 置信区间	*Z* 值	X^2 值	*P* 值
回归					199.02	< 0.01
常量	6.366	6.428	(-6.233, 18.964)	0.99		0.32
年均温	0.88	0.88	(-0.845, 2.605)	1	1	0.32
极端高温	0.39	0.288	(-0.174, 0.953)	1.35	1.84	0.18
极端低温	-0.031	0.178	(-0.380, 0.319)	-0.17	0.03	0.86

（续）

项目	模型汇总			方差分析		
	系数	系数标准误	95% 置信区间	Z值	X^2值	P值
最热季均温	−0.879	0.518	(−1.894, 0.137)	−1.7	2.87	0.09
最冷季均温	−0.407	0.466	(−1.320, 0.506)	−0.87	0.76	0.38
年均降水	0	0	(−0.001, 0.000)	−1.01	1.02	0.31
海拔	−0.001	0.001	(−0.003, 0.002)	−0.61	0.37	0.54
植物 Simpson 指数	−16.068	4.491	(−24.869, −7.266)	−3.58	12.8	< 0.01
植物 Shannon 指数	2.237	0.718	(0.830, 3.645)	3.12	9.71	< 0.01
植物 Evenness 指数	4.907	2.507	(−0.007, 9.822)	1.96	3.83	0.05
生境异质性指数	0.03	0.041	(−0.050, 0.110)	0.74	0.55	0.46
植被丧失程度					76.45	< 0.01
程度 2	−0.52	0.119	(−0.754, −0.286)	−4.36		< 0.01
程度 3	−0.694	0.104	(−0.897, −0.491)	−6.7		< 0.01
程度 4	−1.012	0.12	(−1.247, −0.776)	−8.41		< 0.01

4.1.2.4 双翅目昆虫物种丰富度与环境因子关系分析

泊松模型分析结果显示，双翅目昆虫物种丰富度与环境因子的关系回归模型具有统计学意义（X^2=95.96，$P < 0.01$）。年均降水和植物 Evenness 指数对物种丰富度具有显著的负向影响。生境类型对物种丰富度具有显著影响，以人工林为基准，天然林的物种丰富度增加 0.288 个水平、农田降低 0.349 个水平（表 4–9）。

表4–9 红河地区双翅目昆虫物种丰富度与环境因子泊松模型回归分析

项目	模型汇总			方差分析		
	系数	系数标准误	95% 置信区间	Z值	X^2值	P值
回归					95.96	P < 0.01
常量	10	9.67	(−8.96, 28.96)	1.03		0.301
年均温	−1.19	1.45	(−4.04, 1.66)	−0.82	0.67	0.413
极端高温	−0.483	0.503	(−1.469, 0.503)	−0.96	0.92	0.337
极端低温	−0.341	0.26	(−0.851, 0.170)	−1.31	1.71	0.191
最热季均温	1.421	0.886	(−0.315, 3.157)	1.6	2.57	0.109
最冷季均温	0.631	0.801	(−0.938, 2.201)	0.79	0.62	0.430
年均降水	−0.001383	0.000497	(−0.002356, −0.000409)	−2.78	7.74	P < 0.01
海拔	0.0001	0.00173	(−0.00328, 0.00348)	0.06	0	0.953
植物 Simpson 指数	11.22	7.64	(−3.75, 26.20)	1.47	2.16	0.142
植物 Shannon 指数	−0.7	1.24	(−3.13, 1.73)	−0.56	0.32	0.573

（续）

项目	模型汇总			方差分析		
	系数	系数标准误	95% 置信区间	Z值	X^2值	P值
植物 Evenness 指数	−18.66	4.1	(−26.69, −10.63)	−4.55	20.74	P＜0.01
植物 Dissimilarity 指数	0.062	0.0738	(−0.0826, 0.2066)	0.84	0.71	0.401
生境					10.13	P＜0.01
农田	−0.349	0.153	(−0.649, −0.050)	−2.28		0.022
天然林	0.288	0.138	(0.017, 0.560)	2.08		0.037

4.1.2.5　膜翅目昆虫多样性与环境因子关系分析

（1）膜翅目昆虫物种丰富度与环境因子关系分析。泊松模型分析结果显示，红河州三县膜翅目昆虫物种丰富度与环境因子的关系回归模型具有统计学意义（X^2=62.32，$P＜0.01$）。整体来看，植物 Shannon 指数对物种丰富度具有显著的正向影响。生境类型对膜翅目昆虫物种丰富度有显著影响（X^2=15.03，$P＜0.01$），以农田为基准，农田每增加 1 个水平，森林的昆虫物种丰富度减少 0.03 个水平，而人工林则显著减少 1.99 个水平（表 4–10）。

表4−10　红河地区膜翅目昆虫物种丰富度与环境因子泊松模型回归分析

项目	模型汇总			方差分析		
	系数	系数标准误	95% 置信区间	Z值	X^2值	P值
回归					62.32	＜0.01
常量	29.693	8.99	(12.06, 47.32)	3.3		＜0.01
年均温	−1.517	1.19	(−3.86, 0.82)	−1.27	1.62	0.2
极端高温	0.134	0.43	(−0.70, 0.97)	0.31	0.1	0.75
极端低温	0.105	0.24	(−0.36, 0.57)	0.44	0.19	0.66
最热季均温	−0.165	0.75	(−1.63, 1.30)	−0.22	0.05	0.83
最冷季均温	1.04	0.62	(−0.18, 2.26)	1.67	2.78	0.1
年均降水	0	0	(−0.00, 0.00)	0.93	0.87	0.35
海拔	−0.002	0	(−0.00, 0.00)	−1.34	1.78	0.18
植物 Shannon 指数	2.332	0.99	(0.40, 4.27)	2.36	5.58	0.02
植物 Evenness 指数	2.351	3.42	(−4.36, 9.06)	0.69	0.47	0.49
生境异质性指数	0.025	0.06	(−0.10, 0.15)	0.4	0.16	0.69
乔木比例	−7.671	4.93	(−17.34, 2.00)	−1.56	2.42	0.12
灌草丛比例	−7.373	4.95	(−17.07, 2.33)	−1.49	2.22	0.14
农田系统比例	−8.048	4.98	(−17.80, 1.71)	−1.62	2.61	0.11

（续）

项目	模型汇总			方差分析		
	系数	系数标准误	95% 置信区间	*Z* 值	X^2 值	*P* 值
生境类型					15.03	< 0.01
人工林	−0.384	0.19	(−0.76, −0.01)	−1.99		0.05
森林	−0.01	0.32	(−0.63, 0.61)	−0.03		0.97

（2）膜翅目昆虫多度与环境因子关系分析。泊松回归模型分析结果显示，红河膜翅目昆虫多度与环境因子的关系回归模型具有统计学意义（X^2=109.80，$P < 0.01$）。整体来看，年均降水、植物 Shannon 指数对膜翅目昆虫多度具有显著的正向影响。生境类型对膜翅目昆虫物种丰富度有显著影响（X^2=33.83，$P < 0.01$），以农田为基准，农田每增加 1 个水平，人工林的膜翅目昆虫多度减少 1.58 个水平，而森林增加 1.48 个水平（表 4–11）。

表4–11　红河地区膜翅目昆虫多度与环境因子泊松模型回归分析

项目	模型汇总			方差分析		
	系数	系数标准误	95% 置信区间	*Z* 值	X^2 值	*P* 值
回归					109.80	< 0.01
常量	17.99	7.36	(3.56, 32.42)	2.44		0.02
年均温	0.98	0.968	(−0.917, 2.877)	1.01	1.02	0.31
极端高温	−0.113	0.348	(−0.796, 0.569)	−0.33	0.11	0.75
极端低温	0.26	0.196	(−0.125, 0.644)	1.32	1.75	0.19
最热季均温	−1.048	0.608	(−2.240, 0.143)	−1.72	2.97	0.09
最冷季均温	−0.233	0.506	(−1.225, 0.759)	−0.46	0.21	0.65
年均降水	0.001337	0.000319	(0.000711, 0.001962)	4.19	17.53	< 0.01
海拔	−0.00046	0.00116	(−0.00273, 0.00181)	−0.4	0.16	0.69
植物 Shannon 指数	2.32	0.804	(0.745, 3.896)	2.89	8.33	< 0.01
植物 Evenness 指数	4.94	2.76	(−0.47, 10.34)	1.79	3.20	0.07
生境异质性指数	0.0639	0.0496	(−0.0333, 0.1612)	1.29	1.66	0.20
乔木比例	−4.47	4.02	(−12.35, 3.41)	−1.11	1.24	0.27
灌草丛比例	−3.41	4.03	(−11.30, 4.48)	−0.85	0.72	0.40
农田系统比例	−4.34	4.05	(−12.28, 3.60)	−1.07	1.15	0.28
生境类型					33.83	< 0.01
人工林	−0.25	0.158	(−0.559, 0.060)	−1.58		0.12
森林	0.381	0.257	(−0.123, 0.885)	1.48		0.14

4.2 红河地区动植物多样性与昆虫多样性的关联性

红河地区南北东西跨度较大，地貌和气候变化也较大，因而种子植物极为丰富。从地史上看，红河地区长期处于较稳定的湿热气候环境，保存了较丰富的古老植物类群，如多心皮类的一些科、柔荑花序类的一些科等。尤其突出的是裸子植物中极古老的苏铁类的分布：南盘江苏铁、叉叶苏铁、多歧苏铁、广东苏铁、红河苏铁、宽叶苏铁、长叶苏铁等，达 7 种之多的苏铁类物种如此集中地分布于本区，乃世界罕见。从植被类型来看，在保存完好的常绿阔叶林中，最常见的 5 个科为木兰科、壳斗科、樟科、茶科及金缕梅科，这些科不仅是组成群落的优势种或建群种或共建种，而且种类极为丰富，如壳斗科，云南省有 6 属 169 种，红河地区就有 5 属 124 种；樟科云南省有 18 属 194 种，红河地区就有 16 属 141 种；茶科云南省有 9 属 120 种，红河地区就有 9 属 82 种；金缕梅科云南省有 11 属 33 种，红河地区就有 9 属 13 种，与云南省比较种类多占一半以上，可见其类型之丰富。红河地区特殊的地理位置及优越的气候条件，也孕育了丰富的特有类型，有 12 个东南亚特有科，约有 30 个中国特有分布属，特有种更是不计其数。

红河地区优越的气候条件和丰富的植被类型为野生动物提供了保障。其中，被列为国家一级保护野生动物的有长臂猿、金丝猴；被列为国家二级保护野生动物的有虎、懒猴、灰叶猴、毛冠鹿、熊狸、巨蜥、蟒蛇；被列为国家三级保护野生动物的有豹、岩羊、穿山甲、原鸡、蛤蚧、红瘰疣螈、虎纹蛙等。分布于红河地区的 349 种留鸟、夏候鸟和繁殖鸟中，有 161 种留鸟和夏候鸟分布于低山带（500 米以下），有 285 种留鸟和繁殖鸟分布于中山带（500~2100 米），国家级保护的白鹇、白腹锦鸡、绿孔雀也分布于中山带。

昆虫作为最丰富的动物类群之一，在食物网中起着不可替代的作用。从昆虫食性出发，可将昆虫分为 4 个功能群，即植食性昆虫、捕食性昆虫、寄生性昆虫、中性昆虫（指腐食性昆虫和既不危害植物也不捕食其他动物的昆虫），在食物网中扮演着不同角色。部分昆虫可以为更高营养层的生物，如鱼类、两栖爬行类、鸟类、哺乳类等提供食物资源。从红河地区已有报道的丰富的动植物资源来看，该地区昆虫种类可能占云南省昆虫种类的 30%~40%。

4.3 小 结

总体上看，随着植物 Shannon 指数的增加，昆虫多样性也随之增加。植物 Shannon 指数越高说明植物丰富度越高，为更多种类昆虫提供赖以生存的环境，植被越复杂，生物多样性越丰富（张飞萍和尤民生，2007）。而随着年均温的增加，昆虫多样性呈下降趋势。多项研究表明，在全球气候变暖的大背景下，昆虫向高海拔、高纬度地区迁移、扩散以适应气候变化（Musolin，2007；孙玉诚等，2017）。人为干扰是全球物种多样性锐减的主要原因 (Santangeli et al.，2013)，其中包括城市化 (Collier et al.，2010)。有研究表明，在城市化的环境下，多样性会下降，同时物种组成会改变（Banaszak–Cibicka and Zmihorski，2012；Husseini et al.，2019）。本研究相关分析也表明，人口密度与昆虫多样性呈负相关，即随着人口密度的增加，昆虫多样性降低。

从各类群来看，不同类群昆虫群落多样性影响因子各不相同，这可能与昆虫的取食偏好、栖息选择相关。但总体上，各昆虫类群多样性与植物 Shannon 指数呈正相关，与年均温、人口密度呈负相关，与总体昆虫规律一致。而年均降水对膜翅目昆虫有显著正向影响，对双翅目昆虫有显著负向影响，这种类群间的响应差异可能与类群的生长发育、生理代谢不同有关。有研究表明，降水影响空气中的温度和湿度，进而改变植物和昆虫体内的含水量，从而影响昆虫发育。

参考文献

蔡邦华，2015. 昆虫分类学（修订版）[M]. 北京:化学工业出版社.

陈又清，李巧，王思铭，2009. 紫胶林—农田复合生态系统地表甲虫多样性——以云南绿春为例[J]. 昆虫学报，52(012):1319–1327.

陈又清，李巧，王思铭，2011. 紫胶林—农田复合生态系统的蚱总科昆虫多样性[J]. 林业科学，47(9):100–107.

陈祥盛，2012. 中国竹子叶蝉[M]. 北京:中国林业出版社.

戴仁怀，2018. 中国广头叶蝉（半翅目：叶蝉科）[M]. 北京:中国农业出版社.

国家林业和草原局，2021. 国家重点保护野生动物名录[R].

高翠青，2010. 长蝽总科十个科中国种类修订及形态学和系统发育研究（半翅目：异翅亚目）[D]. 天津:南开大学.

蒋志刚，刘少英，吴毅，等，2017. 中国哺乳动物多样性(第2版)[J]. 生物多样性，025(008):886–895.

《红河哈尼族彝族自治州概况》编写组，2008. 红河哈尼族彝族自治州概况[M].北京:民族出版社.

李巧，2014. 生物多样性研究：方法与案例[M]. 北京:中国林业出版社.

李巧，陈又清，陈彦林，2009. 紫胶林—农田复合生态系统蝽类昆虫群落多样性[J]. 云南大学学报（自然科学版），31(2):208–216.

李巧，陈又清，陈彦林，等，2009. 紫胶林—农田复合生态系统甲虫群落多样性[J]. 生态学报，29(007):208–216.

李巧，陈又清，陈彦林，等，2009. 紫胶林—农田复合生态系统蝗虫群落多样性[J]. 应用生态学报，20(3):729–735.

李虎，2018. 黄连山常见昆虫生态图鉴[M]. 郑州:河南科学技术出版社.

李丽莎，2007. 云南天牛[M]. 昆明:云南科技出版社.

李文亮，2014. 中国西南地区缟蝇科（双翅目：缟蝇总科）系统分类研究[D]. 北京:中国农业大学.

刘娅萌，卢训令，丁圣彦，等，2020. 不同农业景观背景下传粉昆虫群落的分布差异[J]. 生态学报，040(007):2376-2385.
卢志兴，陈又清，2016. 蚂蚁对不同土地利用的物种响应及生物指示——以云南为例[J]. 环境昆虫学报，38(005):950-960.
卢志兴，陈又清，2016. 不同生境对蚂蚁功能群的影响——以云南省绿春县为例[J]. 中国生态农业学报，24(06):801-810.
卢志兴，李可力，张念念，等，2016. 不同生境植物垂直密度变化对地表蚂蚁群落的影响[J]. 云南大学学报（自然科学版），38(4):683-690.
毛本勇，2011. 云南蝗虫区系、分布格局及适应特性[M]. 北京:中国林业出版社.
税玉民，2003. 滇东南红河地区种子植物[M]. 昆明:云南科技出版社.
税玉民，2016. 中国滇南第一峰——西隆山种子植物[M]. 北京:科学出版社.
申效诚，2015. 中国昆虫地理[M]. 郑州:河南科学技术出版社.
孙玉诚， 郭慧娟，戈峰，2017. 昆虫对全球气候变化的响应与适应性[J]. 应用昆虫学报，54(4):539-552.
西南林学院，1992. 云南瓢虫志[M]. 昆明:云南科技出版社.
萧采瑜，1977. 中国蝽类昆虫鉴定手册[M]. 北京:科学出版社.
许建初，2020. 云南金平分水岭自然保护区综合科学考察报告集[M]. 昆明:云南科技出版社.
许建初，2003. 云南绿春黄连山自然保护区[M]. 昆明:云南科技出版社.
汪松，解焱，2005. 中国物种红色名录・第三卷・无脊椎动物.Vol.III,Invertebrates[M]. 北京:高等教育出版社.
薛万琦，赵建铭，1996. 中国蝇类[M]. 沈阳:辽宁科学技术出版社.
殷海生，刘宪伟，1995. 中国蟋蟀总科和蝼蛄总科分类概要[M]. 上海:上海科学技术出版社.
杨定，2014. 中国水虻总科志[M].北京: 中国农业大学出版社.
杨平之，2016. 高黎贡山蛾类图鉴[M]. 北京:科学出版社.
云南省林业厅，中国科学院动物研究所，1987. 云南森林昆虫[M]. 昆明:云南科技出版社.
袁锋，2006. 昆虫分类学（第二版）[M]. 北京:中国农业出版社.
张国学，2017. 云南红河阿姆山自然保护区生物多样性保护研究[M]. 北京:中国林业出版社.

中国科学院中国动物志委员会. 中国动物志:昆虫纲[M]. 北京:科学出版社.

赵婧文，卢志兴，陈又清，等，2017. 云南绿春县天然次生林和4种人工林树冠层蚂蚁群落多样性[J]. 林业科学研究，30(5):823–830.

张念念，陈又清，卢志兴，等，2013. 云南橡胶林和天然次生林枯落物层蚂蚁物种多样性、群落结构差异及指示种[J]. 昆虫学报，56(011):1314–1323.

张浩淼，2018. 中国蜻蜓大图鉴[M]. 重庆:重庆大学出版社.

章士美，林毓鉴，蒋兆龙，1983. 云南蝽科昆虫区系分析[J]. 云南林业科技(02):49–53.

郑光美，2017. 中国鸟类分类与分布名录（第三版）[M]. 北京:科学出版社.

郑哲民，1998. 西双版纳地区蚱总科的研究(直翅目)[J]. 动物分类学报，23(2):161–184.

周尧，2000. 中国蝶类志[M]. 郑州:河南科学技术出版社.

Banaszak–Cibicka W，Zmihorski M，2012. Wild bees along an urban gradient: winners and losers[J]. Journal of Insect Conservation，16:331–343.

Collier N，Mackay D A, Benkendorff K，Austin A D，Carthew S M，2010. Butterfly communities in South Australian urban reserves: Estimating abundance and diversity using the Pollard walk[J]. Austral Ecology，31: 282 –290.

Chen Y Q，Li Q，Chen Y L , et al，2011. Ant diversity and bio–indicators in land management of lac insect agroecosystem in Southwestern China[J]. Biodiversity and Conservation，20(13):3017–3038.

Husseini R，Abubakar A，Nasare L I，2019. EFFECT OF ANTHROPOGENIC DISTURBANCES ON INSECT DIVERSITY AND ABUNDANCE IN THE SINSABLEGBINI FOREST RESERVE, GHANA[J]. International Journal of Development, 6(3):24–33.

Lu Z，Hoffmann B D，Chen Y，2016. Can reforested and plantation habitats effectively conserve SW China's ant biodiversity?[J]. Biodiversity and Conservation，25(4):753–770.

Mcneely J A，2020. Today's protected areas: supporting a more sustainable future for humanity[J]. Integrative Zoology.

Santangeli A，Wistbacka R，Hanski I K，et al，2013. Ineffective enforced legislation for nature conservation: A case study with Siberian flying squirrel and forestry in a boreal landscape[J]. Biological Conservation, 157: 237–244.

附　录

云南红河地区昆虫名录

序号	目、科、种	目、科、种学名	云南新纪录种	珍稀濒危物种	图版
	石蛃目	**Microcoryphia**			
	石蛃科	**Machilidae**			
1	新蛃	*Petrobiinae* sp.			
	蜉蝣目	**Ephemerida**			
	四节蜉科	**Baetidae**			
2	四节蜉	*Baetis* sp.			
	蜉蝣科	**Ephemeridae**			
3	蜉蝣	*Ephemera* sp.			
	蜻蜓目	**Odonata**			
	蜓科	**Aeschnidae**			
4	黑纹伟蜓	*Anax nigrofasciatus*			图版 1
5	长尾蜓	*Gynacantha* sp.			
6	浅色佩蜓	*Periaeschna nocturnalis*			
7	黄纹叶蜓	*Petaliaeschna flavipes*			
8	多棘蜓属	*Polycanthagyna* sp.			
	春蜓科	**Gomphidae**			
9	娜卡安春蜓	*Amphigomphus nakamurai*			
10	福氏异春蜓	*Anisogomphus forresti*			
11	黄基亚春蜓	*Asiagomphus acco*			
12	金斑亚春蜓	*Asiagomphus auricolor*			
13	亚春蜓	*Asiagomphus* sp.			
14	巨缅春蜓	*Burmagomphus magnus*			
15	独角曦春蜓	*Heliogomphus scorpio*			
16	霸王叶春蜓	*Ictinogomphus pertinax*			图版 1
17	环尾春蜓	*Lamelligomphus*			
18	圆腔纤春蜓	*Leptogomphus perforatus*			
19	纤春蜓	*Leptogomphus* sp.			
20	越南长足春蜓	*Merogomphus tamdaoensis*			

（续）

序号	目、科、种	目、科、种学名	云南新纪录种	珍稀濒危物种	图版
21	越南小春蜓	*Microgomphus jurzitzai*			
22	黄尾奈春蜓	*Nychogomphus flavicaudus*			
23	卢氏奈春蜓	*Nychogomphus lui*			
24	越南长钩春蜓	*Ophiogomphus longihamulus*			
25	细尾显春蜓	*Phaenandrogomphus tonkinicus*			
26	丁格刀春蜓	*Scalmogomphus dingavani*			
27	文山刀春蜓	*Scalmogomphus wenshanensis*			
28	越中尖尾春蜓	*Stylogomphus annamensis*			
29	劳伦斯尖尾春蜓	*Stylogomphus lawrenceae*			
	裂唇蜓科	**Chlorogomphidae**			
30	金翅裂唇蜓	*Chlorogomphus canhvang*			
31	老挝裂唇蜓	*Chlorogomphus hiten*			
32	长鼻裂唇蜓越南亚种	*Chlorogomphus nasutus*			
33	朴氏裂唇蜓	*Chlorogomphus piaoacensis*			
34	中越裂唇蜓	*Chlorogomphus sachiyoae*			
35	褐基裂唇蜓	*Chlorogomphus yokoii*			
	大蜓科	**Cordulegastridae**			
36	赵氏圆臀大蜓	*Anotogaster chaoi*			
37	黑额圆臀大蜓	*Anotogaster gigantica*			
38	格氏圆臀大蜓	*Anotogaster gregoryi*			
39	金斑圆臀大蜓	*Anotogaster klossi*			
40	萨帕圆臀大蜓	*Anotogaster sapaensis*			
41	圆臀大蜓属待定种 4	*Anotogaster* sp.4			
42	圆臀大蜓属待定种 7	*Anotogaster* sp.7			
	大伪蜻科	**Macromiidae**			
43	海神大伪蜻	*Macromia clio*			
44	大斑大伪蜻	*Macromia daimoji*			
45	褐面大伪蜻	*Macromia pinratani*			
46	天王大伪蜻	*Macromia urania*			
	综蜻科	**Synthemistidae**			
47	朝比奈异伪蜻	*Idionyx asahinai*			
48	郁异伪蜻	*Idionyx claudia*			

（续）

序号	目、科、种	目、科、种学名	云南新纪录种	珍稀濒危物种	图版
49	异伪蜻	*Idionyx* sp.			
50	飓中伪蜻	*Macromidia rapida*			
	蜻科	**Libellulidae**			
51	锥腹蜻	*Acisoma panorpoides*			图版 1
52	黑斑蜻	*Atratothemis reelsi*			图版 1
53	蓝额疏脉蜻	*Brachydiplax chalybea*			
54	红蜻	*Crocothemis servilia*			图版 1
55	纹蓝小蜻	*Diplacodes trivialis*			
56	双纹宽腹蜻	*Lyriothemis bivittata*			
57	网脉蜻	*Neurothemis fulvia*			图版 1
58	海湾爪蜻	*Onychothemis tonkinensis*			
59	白尾灰蜻	*Orthetrum albistylum*			图版 1
60	黑尾灰蜻	*Orthetrum glaucum*			图版 1
61	异色灰蜻	*Orthetrum melania*			
62	赤褐灰蜻	*Orthetrum pruinosum*			图版 1
63	狭腹灰蜻	*Orthetrum sabina*			图版 2
64	灰蜻属待定种 1	*Orthetrum* sp.1			
65	灰蜻属待定种 2	*Orthetrum* sp.2			
66	灰蜻属待定种 5	*Orthetrum* sp.5			
67	灰蜻属待定种 3	*Orthetrum* sp.3			
68	鼎脉灰蜻	*Orthetrum triangulare*			图版 2
69	六斑曲缘蜻	*Palpopleura sexmaculata*			图版 2
70	黄蜻	*Pantala flavescens*			图版 2
71	曜丽翅蜻	*Rhyothemis plutonia*			
72	宽翅方蜻	*Tetrathemis platyptera*			
73	浅斜痣蜻	*Tramea basilaris*			
74	华斜痣蜻	*Tramea chinensis*			
75	晓褐蜻	*Trithemis aurora*			图版 2
76	庆褐蜻	*Trithemis festiva*			
77	朝比奈虹蜻	*Zygonyx asahinai*			
78	彩虹蜻	*Zygonyx iris insignis*			图版 2
	色蟌科	**Calopterygidae**			
79	霜基色蟌	*Archineura hetaerinoides*			

（续）

序号	目、科、种	目、科、种学名	云南新纪录种	珍稀濒危物种	图版
80	越南暗色蟌	*Atrocalopteryx coomani*			
81	绿闪色蟌	*Caliphaea confusa*			
82	褐单脉色蟌	*Matrona corephaea*			
83	黑带绿色蟌	*Mnais gregoryi*			
84	烟翅绿色蟌	*Mnais mneme*			
85	华艳色蟌	*Neurobasis chinensis*			图版 2
86	美子爱纤色蟌	*Noguchiphaea yoshikoae*			
87	多横细色蟌	*Vestalis gracilis*			
	鼻蟌科	**Chlorocyphidae**			
88	黄脊圣鼻蟌	*Aristocypha fenestrella*			图版 2
89	三斑阳鼻蟌	*Heliocypha perforata*			图版 2
90	卡萨印鼻蟌	*Indocypha katharina*			
91	黄侧鼻蟌	*Rhinocypha arguta*			
	溪蟌科	**Euphaeidae**			
92	三彩异翅溪蟌	*Anisopleura subplatystyla*			
93	云南异翅溪蟌	*Anisopleura yunnanensis*			图版 3
94	科氏尾溪蟌	*Bayadera kirbyi*			
95	优雅隐溪蟌	*Cryptophaea saukra*			
96	越南隐溪蟌	*Cryptophaea vietnamensis*			
97	黑斑暗溪蟌	*Dysphaea basitincta*			
98	透顶溪蟌	*Euphaea masoni*			图版 3
99	溪蟌	*Euphaea* sp.			
100	方带暗溪蟌	*Pseudophaea decorata*			
101	透顶暗溪蟌	*Pseudophaea masoni*			
	大溪蟌科	**Philogangidae**			
102	大溪蟌	*Philoganga vetusta*			
	黑山蟌科	**Philosinidiae**			
103	白尾野蟌	*Agriomorpha fusca*			
104	藏凸尾山蟌	*Mesopodagrion tibetanum*			
	丝蟌科	**Lestidae**			
105	长痣丝蟌	*Orolestes selysi*			
	综蟌科	**Synlestidae**			
106	郝氏绿综蟌	*Megalestes haui*			

（续）

序号	目、科、种	目、科、种学名	云南新纪录种	珍稀濒危物种	图版
	扇蟌科	**Platycnemididae**			
107	朱腹丽扇蟌	*Calicnemia eximia*			图版 3
108	迈尔丽扇蟌	*Calicnemia miles*			
109	黑袜丽扇蟌	*Calicnemia soccifera*			
110	黄脊长腹扇蟌	*Coeliccia chromothorax*			图版 3
111	蓝脊长腹扇蟌	*Coeliccia poungyi*			图版 3
112	黄蓝长腹扇蟌	*Coeliccia pyriformis*			
113	截斑长腹扇蟌	*Coeliccia scutellum*			
114	长腹扇蟌属待定种 1	*Coeliccia* sp.1			
115	黄狭扇蟌	*Copera marginipes*			图版 3
116	褐狭扇蟌	*Copera vittata*			图版 3
117	狭扇蟌属待定种 1	*Copera* sp.1			
	蟌科	**Coenagrionidae**			
118	霜蓝狭翅蟌	*Aciagrion approximans*			
119	杯斑小蟌	*Agriocnemis femina*			
120	白腹小蟌	*Agriocnemis lacteola*			
121	翠胸黄蟌	*Ceriagrion auranticum*			
122	天蓝黄蟌	*Ceriagrion azureum*			
123	长尾黄蟌	*Ceriagrion fallax*			图版 3
124	黄蟌属待定种 1	*Ceriagrion* sp.1			
125	黄腹异痣蟌	*Ischnura aurora*			图版 3
126	赤斑异痣蟌	*Ischnura rufostigma*			图版 4
127	褐斑异痣蟌	*Ischnura senegalensis*			
128	钩斑妹蟌	*Mortonagrion selenion*			图版 4
	扁蟌科	**Platystictidae**			
129	镰扁蟌属待定种 1	*Drepanosticta* sp.1			
130	镰扁蟌属待定种 5	*Drepanosticta* sp.5			
131	卡罗原扁蟌	*Protosticta caroli*			
132	暗色原扁蟌	*Protosticta grandis*			图版 4
133	泰国原扁蟌	*Protosticta khaosoidaoensis*			
134	原扁蟌属待定种 1	*Protosticta* sp.1			
135	华扁蟌	*Sinosticta* sp.			
	襀翅目	**Plecoptera**			

（续）

序号	目、科、种	目、科、种学名	云南新纪录种	珍稀濒危物种	图版
	𫌀科	**Perlidae**			
136	钩𫌀	*Kamimuria* sp.			
137	卡氏新𫌀	*Neoperla cavaleriei*			
	纺足目	**Embioptera**			
	等尾丝蚁科	**Oligotomidae**			
138	婆罗州丝蚁	*Aposthonia borneensis*			
	直翅目	**Orthoptera**			
	瘤锥蝗科	**Chrotogonidae**			
139	黄星蝗	*Aularches miliaris scabiosus*			
	锥头蝗科	**Pyrgomorphidae**			
140	柳枝负蝗	*Atractomor psittacina*			
141	短额负蝗	*Atractomor sinensis*			
	斑腿蝗科	**Catantopidae**			
142	异角胸斑蝗	*Apalacris varicornis*			
143	绿胸斑蝗	*Apalacris viridis*			
144	小卵翅蝗	*Caryanda neoelegans*			
145	云南卵翅蝗	*Caryanda yunnana*			
146	短角异腿蝗	*Catantops humilis brachycerus*			
147	红褐斑腿蝗	*Catantops pinguis*			
148	西姆拉斑腿蝗	*Catantops simlae*			
149	斑腿蝗属待定种 1	*Catantops* sp.1			
150	棉蝗	*Chondracris rosea rosea*			
151	紫胫长夹蝗	*Choroedocus violaceipes*			
152	越北切翅蝗	*Coptacra tonkinensis*			
153	罕蝗	*Ecphanthacris mirabilis*			
154	长翅十字蝗	*Epistaurus aberrans*			
155	秉汉斜翅蝗	*Eucoptacra binghami*			
156	短角斜翅蝗	*Eucoptacra inamoena*			
157	大眼斜翅蝗	*Eucoptacra megaocula*			
158	墨脱斜翅蝗	*Eucoptacra motuoensis*			
159	芋蝗	*Gesonula punctifrons*			
160	斑角蔗蝗	*Hieroglyphus annulicornis*			
161	长翅龙州蝗	*Longzhouacris longipennis*			

（续）

序号	目、科、种	目、科、种学名	云南新纪录种	珍稀濒危物种	图版
162	无齿稻蝗	*Oxya adentata*			
163	中华稻蝗	*Oxya chinensis*			
164	黄股稻蝗	*Oxya flavefemora*			
165	小稻蝗	*Oxya intricata*			
166	宁波稻蝗	*Oxya ningpoensis*			
167	长翅稻蝗	*Oxya velox*			
168	云南稻蝗	*Oxya yunnana*			
169	长翅大头蝗	*Oxyrrhepes obtusa*			
170	日本黄脊蝗	*Patanga japonica*			
171	赤胫伪稻蝗	*Pseudoxya diminuta*			图版 4
172	云南板齿蝗	*Sinstauchira yunnana*			
173	长翅板胸蝗	*Spathosternum prasiniferumprasiniferum*			
174	长角直斑腿蝗	*Stenocatantops splendens*			
175	长翅凸额蝗	*Traulia aurora*			
176	小凸额蝗	*Traulia minuta*			
177	短角外斑腿蝗	*Xenocatantops brachycerus*			
178	大斑外斑腿蝗	*Xenocatantops humilis*			图版 4
179	外斑腿蝗属待定种 1	*Xenocatantops* sp.1			
	网翅蝗科	**Arcypteridae**			
180	黑翅竹蝗	*Ceracris fasciata*			
181	黄脊竹蝗	*Ceracris kiangsu*			
182	青脊竹蝗	*Ceracris nigricornis nigricornis*			
	斑翅蝗科	**Oedipodidae**			
183	东方车蝗	*Gastrimargus africanus orientalsi*			
184	云斑车蝗	*Gastrimargus marmoratus*			
185	方异距蝗	*Heteropternis respondens*			
186	大异距蝗	*Heteropternis robusta*			
187	东亚飞蝗	*Locusta migratoria manilensis*			
188	长翅踵蝗	*Pteroscirta longipennis*			
189	长翅束颈蝗	*Sphingonotus longipennis*			
190	疣蝗	*Trilophidia annulata*			
	剑角蝗科	**Acrididae**			
191	中华剑角蝗	*Acrida cinerea*			

（续）

序号	目、科、种	目、科、种学名	云南新纪录种	珍稀濒危物种	图版
192	长角佛蝗	*Phlaeoba antennata*			
193	僧帽佛蝗	*Phlaeoba infumata*			图版 4
194	中华佛蝗	*Phlaeoba sinensis*			
	股沟蚱科	**Batrachididae**			
195	角股沟蚱	*Saussurella cornuta*			
	扁角蚱科	**Discotettigidae**			
196	短背扁角蚱	*Flatocerus brachynotus*			
	枝背蚱科	**Cladonotidae**			
197	云南盾蚱	*Aspiditettix yunnanensis*			
	刺翼蚱科	**Scelimenidae**			
198	二刺羊角蚱	*Criotettix bispinosus*			
199	日本羊角蚱	*Criotettix japonicus*			图版 4
200	突眼优角蚱	*Eucriotettix oculatus*			
201	尖刺赫蚱	*Hebarditettix armatus*			
202	三角赫蚱	*Hebarditettix triangularis*			
203	宽顶瘤蚱	*Thoradonta lativertex*			
204	瘤蚱	*Thoradonta nodulosa*			
205	侧刺瘤蚱	*Thoradonta spiculoba*			
206	云南瘤蚱	*Thoradonta yunnana*			
207	海南郑蚱	*Zhengitettix hainanensis*			
	短翼蚱科	**Metrodoridae**			
208	圆头波蚱	*Bolivaritettix circocephalus*			
209	肩波蚱	*Bolivaritettix humeralis*			
210	长跗波蚱	*Bolivaritettix longitarsus*			
211	绿春波蚱	*Bolivaritettix luchunensis*			
212	瘤背波蚱	*Bolivaritettix tuberdoralis*			
213	云南蟾蚱	*Hyboella yunnana*			
	蚱科	**Tetrigidae**			
214	武当山微翅蚱	*Alulatettix wudangshanensis*			
215	云南微翅蚱	*Alulatettix yunnanensis*			图版 4
216	沟柯蚱	*Coptotettix fossulatus*			
217	贡山柯蚱	*Coptotettix gongshanensis*			
218	龙江柯蚱	*Coptotettix longjiangensis*			

（续）

序号	目、科、种	目、科、种学名	云南新纪录种	珍稀濒危物种	图版
219	突眼蚱	*Ergatettix dorsiferus*			
220	二斑悠背蚱	*Euparatettix bimaculatus*			
221	圆肩悠背蚱	*Euparatettix circinihumerus*			
222	印悠背蚱	*Euparatettix indicus*			
223	尖顶悠背蚱	*Euparatettix spicuvertex*			
224	瘦悠背蚱	*Euparatettix variabilis*			
225	渐狭庭蚱	*Hedotettix attenuatus*			
226	细庭蚱	*Hedotettix gracilis*			
227	上思庭蚱	*Hedotettix shangsiensis*			
228	翼长背蚱	*Paratettix alatus*			
229	短翅长背蚱	*Paratettix curtipennis*			
230	卡尖顶蚱	*Teredorus carmichaeli*			
231	武夷山尖顶蚱	*Teredorus wuyishanensis*			
232	北部湾蚱	*Tetrix beibuwanensis*			
233	日本蚱	*Tetrix japonica*			
234	褐背蚱	*Tetrix ochronotata*			
235	乳源蚱	*Tetrix ruyuanensis*			
236	波纹股蚱	*Tetrix sinufemoralis*			
	蝼蛄科	**Gryllotalpidae**			
237	非洲蝼蛄	*Gryllotalpa africana*			
238	东方蝼蛄	*Gryllotalpa orientalis*			
	蟋蟀科	**Gryllidae**			
239	双斑蟋	*Gryllus bimaculatus*			
240	尖角棺头蟋	*Loxoblemmus angulatus*			
241	黄脸油葫芦	*Teleogryllus emma*			
242	黑脸油葫芦	*Teleogryllus occipitalis*			
243	污褐油葫芦	*Teleogryllus testaceus*			
244	迷卡斗蟋	*Velarifictorus micado*			
	树蟋科	**Oecanthidae**			
245	台湾树蟋	*Oecanthus indicus*			
	蛣蟋科	**Eneopteridae**			
246	黑胫茨娓蟋	*Zvenella geniculata*			
	䗛目	**Phasmatodea**			
	异䗛科	**Heteronemiidae**			

（续）

序号	目、科、种	目、科、种学名	云南新纪录种	珍稀濒危物种	图版
247	污色无翅刺蝻	*Cnipsomorpha colorantis*			
248	股枝蝻	*Paramyronides* sp.			
	蝻科	**Phasmatidae**			
249	短肛蝻	*Baculum* sp.			
	叶蝻科	**Phylliidae**			
250	中华丽叶蝻	*Phyllium sinensis*			
251	翔叶蝻	*Phyllium westwoodii*		√	
	笛蝻科	**Diapheromeridae**			
252	棉管蝻	*Sipyloidea sipylus*			
253	瘤胸蝻	*Trachythorax* sp.			
	蜚蠊目	**Blattodea**			
	地鳖蠊科	**Corydiidae**			
254	脐真鳖蠊	*Eucorydia hilaris*			
	硕蠊科	**Blaberidae**			
255	斑翅蠊	*Caeparia* sp.			
256	木蠊	*Salganea* sp.			
	姬蠊科	**Blattellidae**			
257	拟歪尾蠊	*Episymploce* sp.			
258	黄缘拟截尾蠊	*Hemithyrsocera vittata*			
259	玛蠊	*Margattea* sp.			
260	丘蠊	*Sorineuchora* sp.			
	木白蚁科	**Kalotermitidae**			
261	截头堆砂白蚁	*Cryptotermes domesticus*			
262	黑额叶白蚁	*Lobitermes nigrifrons*			
263	恒春新白蚁	*Neotermes koshunensis*			
	鼻白蚁科	**Rhinotermitidae**			
264	大头散白蚁	*Reticulitermes grandis*			
	白蚁科	**Termitidae**			
265	角头钝颚白蚁	*Ahmaditermes deltocephalus*			
266	歪白蚁	*Capritermes nitobei*			
267	龙头叉白蚁	*Dicuspiditermes garthwaitei*			
268	多毛亮白蚁	*Euhamitermes hamatus*			
269	等齿印白蚁	*Indotermes isodentatus*			

（续）

序号	目、科、种	目、科、种学名	云南新纪录种	珍稀濒危物种	图版
270	黄翅大白蚁	*Macrotermes barneyi*			
271	小头蛮白蚁	*Microtermes dimorphus*			
272	印度象白蚁	*Nasutitermes moratus*			
273	直鼻歧颚白蚁	*Nasutitermes orthonasus*			
274	黑翅土白蚁	*Odontotermes formosanus*			
275	云南土白蚁	*Odontotermes yunnanensis*			
276	大近歪白蚁	*Pericapritermes tetraphilus*			
277	圆囟原歪白蚁	*Procapritermes sowerbyi*			
278	隆额钩歪白蚁	*Pseudocapritermes pseudolaetus*			
	螳螂目	**Mantodea**			
	花螳科	**Hymenopodidae**			
279	褐缘原螳	*Anaxarcha limbata*			
280	云南角胸螳	*Ceratomantis yunnanensis*			
281	明端眼斑螳	*Creobroter apicalis*			
	小狭螳科	**Leptomantellidae**			
282	越南小丝螳	*Leptomantella tonkinae*			
	螳科	**Mantidae**			
283	异跳螳	*Amantis* sp.			
284	中华大刀螳	*Tenodera sinensis*			
	革翅目	**Dermaptera**			
	大尾螋科	**Pygidicranidae**			
285	盔螋	*Cranopygia* sp.			
	丝尾螋科	**Diplatyidae**			
286	刀丝尾螋	*Diplatys dolens*			
287	云南丝尾螋	*Diplatys yunnaneus*			
288	相单突丝尾螋	*Haplodiplatys similis*			
	苔螋科	**Spongiphoridae**			
289	异姬苔螋	*Paralabella* sp.			
	垫跗螋科	**Chelisochidae**			
290	车垫跗螋	*Hamaxas feae*			
	球螋科	**Forficulidae**			
291	双斑异螋	*Allodahlia ahrimanes*			
292	娇柔慈螋	*Eparchus tenellus*			

（续）

序号	目、科、种	目、科、种学名	云南新纪录种	珍稀濒危物种	图版
293	瘤蒸螋	*Eparchus tuberculata*			
294	垂缘螋	*Eudohrnia metallica*			
295	球螋	*Forficula* sp.			
296	乔球螋	*Timomenus oannes*			
	半翅目	**Hemipteroidea**			
	木虱科	**Psyllidae**			
297	柑桔木虱	*Diaphorina citri*			
298	槐木虱	*Prisetipsylla willieti*			
	瘿绵蚜科	**Pemphigidae**			
299	滇叶瘿绵蚜	*Epipemphigus yunnanensis*			
300	滇枝瘿绵蚜	*Pemphigus yangcola*			
301	五倍子蚜	*Schlechtendalia chinensis*			
302	秋四脉绵蚜	*Tetraneura akinire*			
	斑蚜科	**Callaphididae**			
303	竹梢凸唇斑蚜	*Takecallis taiwanus*			
304	钉侧棘斑蚜	*Tuberculatus capitatus*			
	大蚜科	**Lachnidae**			
305	塔真毛管蚜	*Eutrichosiphum tattakanum*			
306	栲大蚜	*Lachnus quercihabitans*			
307	合欢斑大蚜	*Maculolachnus* sp.			
308	枇杷大蚜	*Nippolachnus xitianmushanus*			
	蚜科	**Aphididae**			
309	中华忍冬圆尾蚜	*Amphicercidus sinilonicericola*			
310	藜蚜	*Hayhurstia atriplicis*			
311	萝卜蚜	*Lipaphis erysimi*			
312	高粱蚜	*Melanaphis sacchari*			
313	香蕉交脉蚜	*Pentalonia nigronervosa*			
314	麦二叉蚜	*Schizaphis graminum*			
315	梨二叉蚜	*Schizaphis piricola*			
316	麦长管蚜	*Sitobion avenae*			
317	莴苣指管蚜	*Uroleucon formosanum*			
	扁蚜科	**Hormaphididae**			
318	居竹伪角蚜	*Pseudoregma bambusicola*			

（续）

序号	目、科、种	目、科、种学名	云南新纪录种	珍稀濒危物种	图版
319	和田氏管扁蚜	*Tuberaphis owadai*			
	粉蚧科	**Pseudococcidae**			
320	康氏粉蚧	*Pseudococcus comstocki*			
	蜡蚧科	**Coccidae**			
321	红蜡蚧	*Ceroplastes rubens*			
322	桔绿绵蜡蚧	*Chloropulvinaria aurantii*			
323	咖啡绿软蜡蚧	*Coccus viridis*			
324	橡副珠蜡蚧	*Parasaissetia nigra*			
325	橘绿棉蜡蚧	*Pulvinaria aurantii*			
326	榄珠蜡蚧	*Saissetia oleae*			
	盾蚧科	**Diaspididae**			
327	山茶蛎盾蚧	*Lepidosaphes camelliae*			
328	东方蛎盾蚧	*Lepidosaphes tubulorum*			
329	榆牧蛎蚧	*Lepidosaphes ulmi*			
	蝉科	**Cicadidae**			
330	缺斑昂蝉	*Angamiana vemacula*			图版 5
331	褐翅红蝉	*Huechys philaemata*			
332	暗斑大马蝉	*Macrosemia umbrata*			图版 5
333	东方螂蝉	*Pomponia orientalis*			
	沫蝉科	**Cercopidae**			
334	桔黄稻沫蝉	*Callitettix braconoides*			图版 5
335	东方丽沫蝉	*Cosmoscarta heros*			图版 5
336	七斑丽沫蝉	*Cosmoscarta septempunctata*			
	尖胸沫蝉科	**Aphrophoridae**			
337	二点尖胸沫蝉	*Aphrophora bipunctata*			图版 6
338	白带尖胸沫蝉	*Aphrophora horizontalis*			图版 5
339	忆尖胸沫蝉	*Aphrophora memorabilis*			
340	条纹柯沫蝉	*Clovia conifer*			
	叶蝉科	**Cicadellidae**			
341	金翅斑大叶蝉	*Anatkina vespertinula*			
342	盈江斑大叶蝉	*Anatkina yingjiangana*			
343	景洪狭顶叶蝉	*Angustella jinghongensis*			
344	黑尾狭顶叶蝉	*Angustella nigricauda*			

（续）

序号	目、科、种	目、科、种学名	云南新纪录种	珍稀濒危物种	图版
345	黑缘狭顶叶蝉	*Angustella nigrimargina*			
346	色条大叶蝉	*Atkinsoniella opponens*			图版 7
347	黑圆条大叶蝉	*Atkinsoniella heiyuana*			图版 7
348	黄氏条大叶蝉	*Atkinsoniella huangi*			
349	李氏条大叶蝉	*Atkinsoniella lii*			
350	长突条大叶蝉	*Atkinsoniella longa*			图版 7
351	条大叶蝉属待定种 1	*Atkinsoniella* sp.1			
352	拟隐条大叶蝉	*Atkinsoniella thaloidea*			
353	黄脉条大叶蝉	*Atkinsoniella xanthovena*			
354	叉茎长突叶蝉	*Batracomorphus geminatus*			图版 6
355	尖凹大叶蝉	*Bothrogonia acuminata*			图版 8
356	锈凹大叶蝉	*Bothrogonia ferruginea*			
357	白边脊额叶蝉	*Carinata kelloggii*	*		图版 8
358	甘肃消室叶蝉	*Chudania ganana*	*		图版 7
359	云南消室叶蝉	*Chudania yunnana*			
360	大青叶蝉	*Cicadella viridid*			图版 7
361	云南白小叶蝉	*Elbelus yunnanensis*			
362	小绿叶蝉	*Empoasca flavescens*			图版 7
363	黄面横脊叶蝉	*Evacanthus interruptus*			图版 7
364	单刺华铲叶蝉	*Hecalusina unispinosa*	*		图版 7
365	透翅边大叶蝉	*Kolla hyalina*	*		图版 6
366	边大叶蝉	*Kolla insignis*			图版 6
367	黑条边大叶蝉	*Kolla nigrifascia*			图版 6
368	顶斑边大叶蝉	*Kolla paulula*			图版 6
369	黄绿网脉叶蝉	*Krisna viridula*			图版 6
370	松村广头叶蝉	*Macropsis matsumurana*			
371	白条窗翅叶蝉	*Mileewa albovittata*			图版 6
372	枝茎窗翅叶蝉	*Mileewa branchiuma*	*		图版 6
373	窗翅叶蝉	*Mileewa margheritae*			
374	竹额垠叶蝉	*Mukaria bambusana*			
375	斑翅额垠叶蝉	*Mukaria maculata*			
376	水稻黑尾叶蝉	*Nephotettix bipunctatus*			图版 7
377	黄面单突叶蝉	*Olidiana huangmuna*	*		图版 8

（续）

序号	目、科、种	目、科、种学名	云南新纪录种	珍稀濒危物种	图版
378	六斑干大叶蝉	*Processina sexmaculata*			
379	绿春带叶蝉	*Scaphoideus luchunensis*			
380	印支洋大叶蝉	*Seasogonia indosinica*			
381	绿春角突叶蝉	*Taperus luchunensis*			
382	尖头片叶蝉	*Thagria progecta*			图版 8
	角蝉科	**Membracidae**			
383	三叶结角蝉	*Antialcidas trifoliaceus*			图版 5
384	云南秃角蝉	*Centrotoscelus yunnanensis*			
385	锐巨刺角蝉	*Centrotypus oxyricornis*			
386	金平埃角蝉	*Ebhul jinpingensis*			
387	赤褐埃角蝉	*Ebhul russum*			
388	白线埃角蝉	*Ebhul varium*			
389	云南印角蝉	*Indicopleustes yunnanensis*			
390	黑带卡圆角蝉	*Kotogargara nigrofasciata*			
391	微唇卡圆角蝉	*Kotogargara parvifrontclypei*			
392	平刺无齿角蝉	*Nondenticentrus flatacanthus*			图版 5
393	斑翅负角蝉	*Telingana maculoptera*			图版 5
394	圆耀三刺角蝉	*Tricentrus gargaraformae*			
395	河口三刺角蝉	*Tricentrus hekouensis*			
396	云南三刺角蝉	*Tricentrus yunnanensis*			
	蛾蜡蝉科	**Flatidae**			
397	碧蛾蜡蝉	*Geisha distinctissima*			图版 8
	瓢蜡蝉科	**Issidae**			
398	叉脊瓢蜡蝉属待定种 1	*Eusarima* sp.1			
399	异色圆瓢蜡蝉	*Gergitnus variabilis*			
	蟾蝽科	**Gelastocoridae**			
400	印度蟾蝽	*Nerthra indica*			图版 18
	负蝽科	**Belostomatidae**			
401	负子蝽	*Diplonychus rusticus*			
	猎蝽科	**Reduviidae**			
402	红荆猎蝽	*Acanthaspis ruficeps*			
403	粒宽背猎蝽	*Androclus granulatis*			
404	争猎蝽	*Apechtia tofaikwongi*			

（续）

序号	目、科、种	目、科、种学名	云南新纪录种	珍稀濒危物种	图版
405	秀猎蝽	*Astinus siamensis*			
406	小壮猎蝽	*Biasticus minus*			
407	黑足短猎蝽	*Brachytonus nigripes*			
408	狭斑猎蝽	*Canthesancus lurco*			
409	黄缘土猎蝽	*Coranus emodicus*			
410	斑缘土猎蝽	*Coranus fuscipennis*			
411	红缘土猎蝽	*Coranus marginatus*			
412	环勺猎蝽	*Cosmolestes annulipes*			
413	乌带红猎蝽	*Cydnocoris fasciatus*			
414	二星红猎蝽	*Cydnocoris hyalinus*			
415	黑哎猎蝽	*Ectomocoris atrox*			图版 8
416	短头光猎蝽	*Ectrychotes breviceps*			
417	缘斑光猎蝽	*Ectrychotes comottoi*			
418	霜斑嗯猎蝽	*Endochus albomaculatus*			
419	彩纹猎蝽	*Euagoras plagiatus*			图版 8
420	一色蚊猎蝽	*Gardena concolorata*			
421	云南蚊猎蝽	*Gardena yunnana*			
422	红彩真猎蝽	*Harpactor fuscipes*			
423	黄缘真猎蝽	*Harpactor marginellus*			
424	众突长头猎蝽	*Henricohahnia cauta*			
425	沙猎蝽	*Karenocoris granulus*			
426	黑股隶猎蝽	*Lestomerus affinis*			
427	晦纹剑猎蝽	*Lisarda rhypara*			图版 8
428	刺剑猎蝽	*Lisarda spinosa*			
429	云南曼猎蝽	*Mendis yunnana*			
430	平背猎蝽	*Narsetes longinus*			
431	毛眼普猎蝽	*Oncocephalus pudicus*			图版 8
432	大锥绒猎蝽	*Opistoplatys majusculas*			图版 9
433	青突胸猎蝽	*Pasiropsis maculata*			
434	叶胫猎蝽	*Petalochirus spinosissimus*			图版 9
435	棘猎蝽	*Polididus armatissimus*			图版 9
436	红脉盲猎蝽	*Polytoxus rufinervis*			
437	窄刺胸猎蝽	*Pygolampis angusta*			

（续）

序号	目、科、种	目、科、种学名	云南新纪录种	珍稀濒危物种	图版
438	污刺胸猎蝽	*Pygolampis foeda*			
439	中刺胸猎蝽	*Pygolampis simulipes*			
440	黄缘瑞猎蝽	*Rhynocoris marginellus*			
441	多变齿胫猎蝽	*Rihirbus trochantericus*			
442	双环猛猎蝽	*Sphedanolestes annulipes*			
443	二色猛猎蝽	*Sphedanolestes bicolor*			
444	红缘猛猎蝽	*Sphedanolestes gularis*			
445	环斑猛猎蝽	*Sphedanolestes impressicollis*			
446	红猛猎蝽	*Sphedanolestes trichrous*			
447	舟猎蝽	*Staccia diluta*			
448	黄带犀猎蝽	*Sycanus croceovittatus*			图版 9
449	黄犀猎蝽	*Sycanus croceus*			
450	大红犀猎蝽	*Sycanus falleni*			图版 9
451	红平腹猎蝽	*Tapeinus fuscipennis*			
452	小锤胫猎蝽	*Valentia hoffmanni*			图版 9
453	革红脂猎蝽	*Velinus annulatus*			图版 9
454	黄背脂猎蝽	*Velinus malayus*			
455	赭翅脂猎蝽	*Velinus marginatus*			
456	红腹脂猎蝽	*Velinus rufiventris*			
457	红股小猎蝽	*Vesbius sanguinosus*			
458	环角裙猎蝽	*Yolinus annulicornis*			
	瘤蝽科	**Phymatidae**			
459	华龟瘤蝽	*Chelocoris sinicus*			
460	原盾瘤蝽	*Glossopelta acuta*			
	盲蝽科	**Miridae**			
461	毛翅木盲蝽	*Castanopsides dasypterus*			
462	毛角长盲蝽	*Dolichomiris hirticornis*			
463	缅甸厚盲蝽	*Eurystylus burmanicus*			
464	紫褐毛盲蝽	*Lasiomiris purpurascens*			
465	条斑宽平盲蝽	*Latizanchius zebrinus*			
466	异斑新丽盲蝽	*Neolygus disciger*			
467	黑斑颈盲蝽	*Pachypeltis politus*			
468	泛泰盲蝽	*Tailorilygus apicalis*			

（续）

序号	目、科、种	目、科、种学名	云南新纪录种	珍稀濒危物种	图版
469	带胸猥盲蝽	*Tinginotum perlatum*			
470	长毛刻爪盲蝽	*Tolongia pilosa*			
	姬蝽科	**Nabidae**			
471	邻希姬蝽	*Himacerus vicinus*			
472	波姬蝽	*Nabis potanini*			
473	红斑狭姬蝽	*Stenonabis roseisignis*			
	花蝽科	**Anthocoridae**			
474	云南原花蝽	*Anthocoris yunnanus*			
475	黄色仓花蝽	*Xylocoris flavipes*			
	束长蝽科	**Malcidae**			
476	狭长束长蝽	*Malcus elongatus*			
477	黄足束长蝽	*Malcus flavidipe*			图版 10
478	狭叶束长蝽	*Malcus idoneus*			图版 11
	长蝽科	**Lygaeidae**			
479	黑头柄眼长蝽	*Aethalotus nigriventris*			
480	缢身长蝽	*Artemidorus pressus*			
481	黑褐微长蝽	*Botocudo flavicornis*			
482	红翅球胸长蝽	*Caridops rufescens*			
483	亮翅异背长蝽	*Cavelerius excavatus*			图版 10
484	川甘长足长蝽	*Dieuches kansuensis*			图版 10
485	白带突喉长蝽	*Diniella glabrata*			
486	大突喉长蝽	*Diniella servosa*			
487	大头隆胸长蝽	*Eucosmetus incisus*			图版 10
488	褐纹隆胸长蝽	*Eucosmetus pulchrus*			
489	川西大眼长蝽	*Geocoris chinensis*			图版 10
490	南亚大眼长蝽	*Geocoris ochropterus*			图版 10
491	黑带红腺长蝽	*Graptostethus servus*			
492	叶背巨股长蝽	*Macropes lobatus*			
493	黑迅足长蝽	*Metochus bengalensis*			
494	大黑毛肩长蝽	*Neolethaeus assamensis*			图版 11
495	褐鼓胸长蝽	*Pachybrachius flavipes*			
496	淡足筒胸长蝽	*Pamerarma punctulata*			
497	淡角缢胸长蝽	*Paraeucosmetus pallicornis*			

（续）

序号	目、科、种	目、科、种学名	云南新纪录种	珍稀濒危物种	图版
498	黑胫缢胸长蝽	*Paraeucosmetus vitalisi*			
499	斑翅细长蝽	*Paromius excelsus*			
500	长刺棘胸长蝽	*Primierus longispinus*			图版 11
501	圆眼长蝽	*Pseudopachybrachius guttus*			图版 11
502	筒头长蝽	*Reclada moesta*			
503	小地长蝽	*Rhyparochromus valbum*			
504	中国斑长蝽	*Scolopostethus chinensis*			
505	箭痕腺长蝽	*Spilostethus hospes*			图版 11
506	峨眉细颈长蝽	*Vertomannus emeia*			
	跷蝽科	**Berytidae**			
507	刺胁跷蝽	*Yemmalysus parallelus*			图版 11
508	肩跷蝽属待定种	*Metatropis* sp.			
	红蝽科	**Pyrrhocoridae**			
509	颈红蝽	*Antilochus conquebertii*			图版 9
510	黑足颈红蝽	*Antilochus nigripes*			
511	阔胸光红蝽	*Dindymus lanius*			
512	泛光红蝽	*Dindymus rubiginosus*			
513	异泛光红蝽	*Dindymus rubiginosus sanguineus*			
514	离斑棉红蝽	*Dysdercus cingulatus*			图版 9
515	细斑棉红蝽	*Dysdercus evanescens*			
516	联斑棉红蝽	*Dysdercus poecilus*			
517	丹眼红蝽	*Ectatops ophthalmicus*			
518	华锐红蝽	*Euscopus chinensis*			
519	原锐红蝽	*Euscopus rufipes*			
520	素直红蝽	*Pyrrhopeplus impictus*			
521	斑直红蝽	*Pyrrhopeplus posthumus*			
	大红蝽科	**Largidae**			
522	突背斑红蝽	*Physopelta gutta*			图版 10
523	四斑红蝽	*Physopelta quadriguttata*			图版 10
	扁蝽科	**Aradidae**			
524	拟奇喙扁蝽	*Mezira Simulans*			
525	角喙扁蝽	*Mezira triangula*			
526	窄脊扁蝽	*Neuroctenus angustus*			

（续）

序号	目、科、种	目、科、种学名	云南新纪录种	珍稀濒危物种	图版
527	黄腹脊扁蝽	*Neuroctenus par*			
528	等脊扁蝽	*Neuroctenus parus*			
529	云南脊扁蝽	*Neuroctenus yunnanensis*			
530	环齿扁蝽	*Odontonotus annulipes*			
531	长头尤扁蝽	*Usingerida pingbiena*			
532	疣尤扁蝽	*Usingerida verrucigera*			
533	原胡扁蝽	*Wuiessa unica*			
534	原杨扁蝽	*Yangiella mimetica*			
	姬缘蝽科	**Rhopalidae**			
535	褐伊缘蝽	*Aeschyntelus sparsus*			图版 11
	缘蝽科	**Coreidae**			
536	瘤缘蝽	*Acanthocoris scaber*			图版 11
537	红背安缘蝽	*Anoplocnemis phasiana*			
538	四刺棒缘蝽	*Clavigralla acantharis*			
539	小棒缘蝽	*Clavigralla horrens*			图版 11
540	大棒缘蝽	*Clavigralla tuberosa*			
541	拟棘缘蝽	*Cletomorpha raja*			图版 12
542	点棘缘蝽	*Cletomorpha simulans*			图版 12
543	刺额棘缘蝽	*Cletus bipunctatus*			图版 12
544	禾棘缘蝽	*Cletus graminis*			图版 12
545	短肩棘缘蝽	*Cletus pugnator*			图版 12
546	稻棘缘蝽	*Cletus punctiger*			
547	黑须棘缘蝽	*Cletus punctulatus*			图版 12
548	宽棘缘蝽	*Cletus rusticus*			
549	长肩棘缘蝽	*Cletus trigonus*			图版 12
550	褐竹缘蝽	*Cloresmus modestus*			
551	绿竹缘蝽	*Cloresmus pulchellus*			
552	宽肩达缘蝽	*Dalader planiventris*			图版 12
553	哈奇缘蝽	*Derepteryx hardwickii*			
554	云南岗缘蝽	*Gonocerus yunnanensis*			
555	钩缘蝽	*Grypocephalus pallipectus*			
556	双斑同缘蝽	*Homoeocerus bipunctatus*			图版 12
557	显脉同缘蝽	*Homoeocerus cletoformis*			

（续）

序号	目、科、种	目、科、种学名	云南新纪录种	珍稀濒危物种	图版
558	草同缘蝽	*Homoeocerus graminis*			
559	阔肩同缘蝽	*Homoeocerus humeralis*			
560	黑边同缘蝽	*Homoeocerus simiolus*			图版 13
561	并斑同缘蝽	*Homoeocerus subjectus*			
562	广腹同缘蝽	*Homoeocerus dilatatus*			图版 13
563	一点同缘蝽	*Homoeocerus unipunctatus*			图版 13
564	云南同缘蝽	*Homoeocerus yunnanensis*			
565	大黑缘蝽	*Hygia magna*			
566	环胫黑缘蝽	*Hygia touchei*			
567	大斑黑缘蝽	*Hygia funebris*			
568	次小黑缘蝽	*Hygia simulans*			
569	锐肩侎缘蝽	*Mictis gallina*			
570	曲胫侎缘蝽	*Mictis tenebrosa*			
571	大竹缘蝽	*Notobitus excellens*			
572	异足竹缘蝽	*Notobitus sexguttatus*			
573	翅缘蝽	*Notopteryx concolor*			
574	茶色赭缘蝽	*Ochrochira camelina*			
575	锈赭缘蝽	*Ochrochira ferruginea*			图版 13
576	黑赭缘蝽	*Ochrochira fusca*			
577	粒足赭缘蝽	*Ochrochira granulipes*			
578	白翅赭缘蝽	*Ochrochira pallipennis*			
579	菲缘蝽	*Physomerus grossipes*			图版 13
580	棕普缘蝽	*Plinachtus basalis*			
581	长腹伪侎缘蝽	*Pseudomictis distinctus*			
582	肩异缘蝽	*Pterygomia humeralis*			
583	格异缘蝽	*Pterygomia grayi*			
584	拉缘蝽	*Rhamnomia dubia*			
585	小红缘蝽	*Serinetha augur*			
586	无斑特缘蝽	*Trematocoris insignis*			
	蛛缘蝽科	**Alydidae**			
587	光锥缘蝽	*Acestra yunnana*			图版 13
588	小稻缘蝽	*Leptocorisa lepida*			
589	异稻缘蝽	*Leptocorisa varicornis*			

（续）

序号	目、科、种	目、科、种学名	云南新纪录种	珍稀濒危物种	图版
590	大稻缘蝽	*Leptocorisa acuta*			
591	中稻缘蝽	*Leptocorisa chinesis*			
592	条蜂缘蝽	*Riptortus linearis*			图版 13
593	点蜂缘蝽	*Riptortus pedestris*			图版 13
594	小蜂缘蝽	*Riptortus parvus*			
	异蝽科	**Urostylidae**			
595	树版纳异蝽	*Bannacoris arboreus*			
596	亮壮异蝽	*Urochela distincta*			
597	花壮异蝽	*Urochela luteovaria*			
598	黑痣壮异蝽	*Urochela notata*			
599	褐壮异蝽	*Urochela punctata*			
	同蝽科	**Acanthosomatidae**			
600	光角翘同蝽	*Anaxandra levicornis*			
601	长刺翘同蝽	*Anaxandra longispina*			
602	光匙同蝽	*Elasmucha glaber*			图版 18
603	毛匙同蝽	*Elasmucha pilosa*			
604	截匙同蝽	*Elasmucha truncatela*			图版 18
	土蝽科	**Cydnidae**			
605	大鳖土蝽	*Adrisa magna*			
606	黑鳖土蝽	*Adrisa nigra*			
607	黑伊土蝽	*Aethus nigritus*			
608	云南伊土蝽	*Aethus yunnanus*			
609	光领土蝽	*Chilocoris nitidus*			
610	褐领土蝽	*Chilocoris piceus*			
611	领土蝽属待定种 1	*Chilocoris* sp.1			
612	长地土蝽	*Geotomus oblongatus*			
613	侏地土蝽	*Geotomus pygmaeus*			图版 14
614	云南地土蝽	*Geotomus yunnanus*			
615	青革土蝽	*Macroscytus subaeneus*			图版 14
616	阔长土蝽	*Peltoxys brevipennis*			
	龟蝽科	**Plataspidae**			
617	亚铜平龟蝽	*Brachyplatys subaeneus*			图版 14
618	执中圆龟蝽	*Coptosoma intermedia*			图版 14

（续）

序号	目、科、种	目、科、种学名	云南新纪录种	珍稀濒危物种	图版
619	多变圆龟蝽	*Coptosoma variegata*			
620	筛豆龟蝽	*Megacopta cribraria*			图版 14
	盾蝽科	**Scutelleridae**			
621	角盾蝽	*Cantao ocellatus*			图版 14
622	丽盾蝽	*Chrysocoris grandis*			图版 14
623	紫蓝丽盾蝽	*Chrysocoris stolii*			图版 14
624	鼻盾蝽	*Hotea curculionoides*			图版 14
625	半球盾蝽	*Hyperoncus lateritius*			
626	红缘亮盾蝽	*Lamprocoris lateralis*			图版 15
627	亮盾蝽	*Lamprocoris roylii*			
628	角胸亮盾蝽	*Lamprocoris spiniger*			
629	山字宽盾蝽	*Poecilocoris sanszesignatus*			
630	桑宽盾蝽	*Poecilocoris druraei*			
631	油茶宽盾蝽	*Poecilocoris latus*			
632	尼泊尔宽盾蝽	*Poecilocoris nepalensis*			图版 15
633	黑胸宽盾蝽	*Poecilocoris nigricollis*			
634	黄宽盾蝽	*Poecilocoris rufigenis*			
635	长盾蝽	*Scutellera perplexa*			
	兜蝽科	**Dinidoridae**			
636	褐兜蝽	*Aspongopus brunneus*			
637	九香虫	*Aspongopus chinensis*			图版 15
638	黑腹兜蝽	*Aspongopus nigriventris*			图版 15
639	大皱蝽	*Cyclopelta obscura*			
640	短角瓜蝽	*Megymenum brevicornis*			图版 15
641	无刺瓜蝽	*Megymenum inerme*			图版 15
	荔蝽科	**Tessaratomidae**			
642	方蝽	*Asiarcha angulosa*			
643	黑矩蝽	*Carpona amplicollis*			
644	黄矩蝽	*Carpona stabilis*			图版 15
645	硕蝽	*Eurostus validus*			
646	异色巨蝽	*Eusthenes cupreus*			
647	巨蝽	*Eusthenes robustus*			
648	暗绿巨蝽	*Eusthenes saevus*			

（续）

序号	目、科、种	目、科、种学名	云南新纪录种	珍稀濒危物种	图版
649	玛蝽	*Mattiphus splendidus*			
650	比蝽	*Pycanum ochraceum*			
651	荔蝽	*Tessaratoma papillosa*			
652	方肩荔蝽	*Tessaratoma quadrata*			
	蝽科	**Pentatomidae**			
653	红云蝽	*Agonoscelis femoralis*			
654	云蝽	*Agonoscelis nubilis*			
655	黑角羚蝽	*Alcimocoris coronatus*			
656	长叶蝽	*Amyntor obscurus*			
657	花丽蝽	*Antestia pulchra*			
658	崧蝽	*Bagrada picta*			
659	叉角厉蝽	*Cantheconidea furcellata*			
660	红角辉蝽	*Carbula crasssiventris*			图版 15
661	棘角辉蝽	*Carbula scutellata*			图版 15
662	棕蝽	*Caystrus obscurus*			
663	背线疣蝽	*Cazira breddini*			
664	黄疣蝽	*Cazira montandoni*			
665	疣蝽	*Cazira verrucosa*			图版 16
666	红疣蝽	*Cazira vegeta*			
667	纹蝽	*Cinxia limbata*			
668	鳖蝽	*Compastes bhutanicus*			
669	邻鳖蝽	*Compastes neoextimulatus*			
670	叉蝽	*Cressona valida*			图版 16
671	长叶岱蝽	*Dalpada jugatoria*			
672	岱蝽	*Dalpada oculata*			图版 16
673	红缘岱蝽	*Dalpada perelegans*			
674	绿岱蝽	*Dalpada smaragdina*			
675	岱蝽属待定种 2	*Dalpada* sp.2			
676	剪蝽	*Diplorhinus furcatus*			
677	宽蝽	*Dunnius fulvescens*			
678	麻皮蝽	*Erthesina fullo*			
679	怪蝽	*Eumenotes obscurus*			图版 16
680	云南菜蝽	*Eurydema pulchra*			图版 16

（续）

序号	目、科、种	目、科、种学名	云南新纪录种	珍稀濒危物种	图版
681	黄肩青蝽	*Glaucias crassa*			图版 16
682	黑角拟谷蝽	*Gonopsimorpha nigrosignata*			图版 16
683	谷蝽	*Gonopsis affinis*			
684	红谷蝽	*Gonopsis coccinea*			图版 16
685	平角谷蝽	*Gonopsis rubescens*			
686	茶翅蝽	*Halyomorpha picus*			
687	叉角玉蝽	*Hoplistodera incisa*			
688	红玉蝽	*Hoplistodera pulchra*			
689	绿玉蝽	*Hoplistodera virescens*			图版 16
690	广蝽	*Laprius varicornis*			
691	平尾梭蝽	*Megarrhamphus truncatus*			图版 17
692	饰纹曼蝽	*Menida ornata*			
693	大臭蝽	*Metonymia glandulosa*			
694	稻绿蝽黄肩型	*Nezara viridula forma torquata*			
695	稻绿蝽全绿型	*Nezara viridula forma typica*			图版 17
696	尖角碧蝽	*Palomena unicolorella*			
697	角肩真蝽	*Pentatoma angulata*			
698	热带真蝽	*Pentatoma punctipes*			
699	黑益蝽	*Picromerus griseus*			图版 17
700	珀蝽	*Plautia fimbriata*			图版 17
701	庐山珀蝽	*Plautia lushanica*			
702	景东普蝽	*Priassus exemptus*			图版 17
703	尖角普蝽	*Priassus spiniger*			图版 17
704	锯蝽	*Prionaca tonkineneis*			图版 17
705	棱蝽	*Rhynchocoris humeralis*			
706	长叶萨蝽	*Sarju taungyiana chapa*			
707	印度片蝽	*Sciocoris indicus*			
708	稻黑蝽	*Scotinophara lurida*			图版 17
709	二星蝽	*Stollia guttiger*			图版 17
710	锚纹二星蝽	*Stollia montivagus*			图版 18
711	红角二星蝽	*Stollia rosaceus*			图版 18
712	广二星蝽	*Stollia ventralis*			图版 18
713	角胸蝽	*Tetroda histeroides*			图版 18

（续）

序号	目、科、种	目、科、种学名	云南新纪录种	珍稀濒危物种	图版
714	点蝽碎斑型	*Tolumnia latipes forma contingens*			图版 18
715	点蝽	*Tolumnia latipes forma typica*			图版 18
716	突蝽	*Udonga spinidens*			
717	蓝蝽	*Zicrona caerula*			
	鞘翅目	**Coleoptera**			
	虎甲科	**Cicindelidae**			
718	金斑虎甲	*Cicindela aurulenta*			
719	云纹虎甲	*Cicindela elisae*			
720	星斑虎甲	*Cicindela kaleea*			
721	二色树栖虎甲	*Collyris bicolor*			
722	光背树栖虎甲	*Collyris bonellii*			
723	树栖虎甲	*Neocollyris varitarsis*			
724	驼缺翅虎甲	*Tricondyla gestroi*			
	步甲科	**Carabidae**			
725	斑步甲属待定种	*Anisodactylus* sp.			
726	双斑青步甲	*Chlaenius bioculatus*			
727	毛青步甲	*chlaenius pallipes*			
728	圆胸宽带步甲	*Craspedophorus mandarinus*			
729	婪步甲属待定种	*Harpalus* sp.			
730	印度长颈步甲	*Ophionea indica*			
731	五穴宽颚步甲	*Parena dorsigera*			
732	侧条宽颚步甲	*Parena latecincta*			
733	黑带宽额步甲	*Parena nigrolineata nipponensis*			
734	红胸五角步甲	*Pentagonica ruficollis*			
735	短鞘步甲	*Pheropsophus jessoensis*			
736	广屁步甲	*Pheropsophus occiptalis*			
	龙虱科	**Dytiscidae**			
737	黄边厚龙虱	*Cybister limbaatus*			
738	三点龙虱	*Cybister tripunctatus*			
	水龟甲科	**Hydrophilidae**			
739	尖突巨牙甲	*Hydrophilus acuminatus*			
	埋葬甲科	**Silphidae**			
740	横纹盾葬甲	*Diamesus osculans*			

（续）

序号	目、科、种	目、科、种学名	云南新纪录种	珍稀濒危物种	图版
741	尼泊尔覆葬甲	*Nicrophorus nepalensis*			
	萤科	**Lampyridae**			
742	云南扁萤	*Lamprigera yunnan*			
	花萤科	**Cantharidae**			
743	细花萤属待定种	*Idgia* sp.			
744	丽花萤属待定种	*Themus* sp.			
	叩甲科	**Elateridae**			
745	泥红槽缝叩甲	*Agrypnus argillaceus*			
746	朱肩丽叩甲	*Campsosternus gemma*			
747	*Dromaeolus nipponensis*	*Dromaeolus nipponensis*			
748	*Megapenthes opacus*	*Megapenthes opacus*			
749	拉氏梳爪叩甲	*Melanotus lameyi*			图版 19
	吉丁虫科	**Buprestidae**			
750	金绿纹吉丁	*Coraebus aurofasciatus*			
751	铜绿吉丁	*Polyctesis foveicollis*			
752	黑茸潜吉丁	*Trachys fleutiauxi*			
	蜡斑甲科	**Helotidae**			
753	细点大蜡斑甲	*Helota cereopunctata*			图版 19
	拟叩甲科	**Languriidae**			
754	科特拟叩甲	*Tetralanguria collaris*			
755	长特拟叩甲	*Tetralanguria elongata*			
	伪瓢虫科	**Endomychidae**			
756	姬刺伪瓢虫	*Spathomeles decoratus*			
	瓢虫科	**Coccinellidae**			
757	长崎齿瓢虫属待定种	*Afissula* sp.			
758	六斑异瓢虫	*Aiolocaria hexaspilota*			图版 19
759	十斑大瓢虫	*Anisolemnia dilatata*			图版 19
760	双斑隐胫瓢虫	*Aspidimerus matsumuras*			
761	宽纹纵条瓢虫	*Brumoides lineatus*			
762	翠豆裸瓢虫	*Calvia albida*			
763	链纹裸瓢虫	*Calvia sicardi*			图版 19
764	宽缘唇瓢虫	*Chilocorus rufitarsus*			
765	七星瓢虫	*Coccinella septempunctata*			

（续）

序号	目、科、种	目、科、种学名	云南新纪录种	珍稀濒危物种	图版
766	狭臀瓢虫	*Coccinella transversalis*			
767	横斑瓢虫	*Coccinella transversoguttata*			
768	双带盘瓢虫	*Coelophora biplagiata*			
769	八宝盘瓢虫	*Coelophora korschefskyi*			
770	复合隐势瓢虫	*Cryptogonus complexus*			
771	瓜茄瓢虫	*Epilachna admirabilis*			图版 19
772	木通食植瓢虫	*Epilachna clematicola*			
773	钩管食植瓢虫	*Epilachna glochinosa*			
774	连斑食植瓢虫	*Epilachna hauseri*			
775	十斑食植瓢虫	*Epilachna macularis*			图版 19
776	眼斑食植瓢虫	*Epilachna ocellatae-maculata*			图版 19
777	横带食植瓢虫	*Epilachna parainsignis*			
778	屏边食植瓢虫	*Epilachna pingbianensis*			图版 19
779	茜草食植瓢虫	*Epilachna rubiacis*			
780	点斑菌瓢虫	*Halyzia maculata*			
781	草黄菌瓢虫	*Halyzia straminea*			图版 20
782	异色瓢虫	*Harmonia axyridis*			
783	红肩瓢虫	*Harmonia dimidiata*			图版 20
784	奇斑瓢虫	*Harmonia eucharis*			图版 20
785	八斑和瓢虫	*Harmonia octomaculata*			图版 20
786	纤丽瓢虫	*Harmonia sedecimnotata*			图版 20
787	齿突裂臀瓢虫	*Henosepilachna umbonata*			
788	马铃薯瓢虫	*Henosepilachna vigintioctomaculata*			图版 20
789	茄二十八星瓢虫	*Henosepliachna vigintioctopunctata*			图版 20
790	多异瓢虫	*Hippodamia variegata*			
791	十一斑长足瓢虫	*Hippodamia undecimnotata*			
792	十斑盘瓢虫	*Lemnia bissellata*			图版 20
793	九斑盘瓢虫	*Lemnia duvauceli*			图版 20
794	红颈瓢虫	*Lemnia melanaria*			图版 21
795	黄斑盘瓢虫	*Lemnin saucia*			图版 21
796	素菌瓢虫属待定种	*Llleis* sp.			
797	狎斑大瓢虫	*Megalocaria reichii*			
798	六斑月瓢虫	*Menochilus sexmaculata*			图版 21

（续）

序号	目、科、种	目、科、种学名	云南新纪录种	珍稀濒危物种	图版
799	稻红瓢虫	*Micraspis discolor*			图版 21
800	粗网巧瓢虫	*Oenopia chinensis*			
801	黑缘巧瓢虫	*Oenopia kirbyi*			图版 21
802	黄缘巧瓢虫	*Oenopia sauzeti*			图版 21
803	黄宝盘瓢虫	*Pania luteopustulata*			图版 21
804	红星盘瓢虫	*Phrynocaeia congener*			
805	斧斑广盾瓢虫	*Platynaspis angulimaculata*			图版 21
806	西南龟瓢虫	*Propylea dissecta*			图版 21
807	龟纹瓢虫	*Propylea japonica*			图版 22
808	烟色红瓢虫	*Rodolia fumida*			
809	红环瓢虫	*Rodolia limbata*			
810	大红瓢虫	*Rodolia rufopilosa*			
811	大突肩瓢虫	*Synonycha grandis*			图版 22
812	寡节瓢虫属待定种	*Telsimia* sp.			
813	哥氏褐菌瓢虫	*Vibidia korschefskii*			
	芫菁科	**Meloidae**			
814	眼斑芫菁	*Mylabris cichorii*			图版 22
	拟步甲科	**Tenebrionidae**			
815	日本琵琶甲	*Blaps japonensis*			
816	阔角谷盗	*Gnathocerus cornutus*			
817	扁土潜	*Gonocephalum depressum*			
818	黄翅皮下甲	*Hypophloeus flavipennis*			
819	中华垫甲	*Lyprops sinensis*			
820	黄褐粉盗	*Palorus beesoni*			
821	亚扁粉盗	*Palorus subdepressus*			
822	赤拟谷盗	*Tribolium castaneum*			
	长蠹科	**Bostrychidae**			
823	竹蠹	*Dinoderus minutus*			
824	双钩异翅长蠹	*Heterobostrychus aequalis*			
825	二突异翅长蠹	*Heterobostrychus hamatipennis*			
826	黄足长棒长蠹	*Xylothrips flavipes*			
	粉蠹科	**Lyctidae**			
827	日本粉蠹	*Lyctoxylon japonum*			

（续）

序号	目、科、种	目、科、种学名	云南新纪录种	珍稀濒危物种	图版
828	褐粉蠹	*Lyctus brunneus*			
	金龟科	**Scarabaeidae**			
829	神农蜣螂	*Catharsius molossus*			
830	格彩臂金龟	*Cheirotonus gestroi*		√	
831	中利蜣螂	*Liatongus medius*			
832	叉角利蜣螂	*Liatongus vertagus*			
	鳃金龟科	**Melolonthidae**			
833	匀脊鳃金龟	*Holotrichia aequabilis*			
834	陈狭肋鳃金龟	*Holotrichia cheni*			
835	宽边齿爪鳃金龟	*Holotrichia cochinchina*			
836	股狭肋鳃金龟	*Holotrichia femoralis*			
837	宽齿爪鳃金龟	*Holotrichia lata*			
838	毛臀齿爪鳃金龟	*Holotrichia pilipyga*			
839	粗狭肋鳃金龟	*Holotrichia scrobiculate*			
840	二斑鳃金龟	*Lepidiota bimaculata*			
841	亮玛绢金龟	*Maladera nitidiceps*			
842	巨多鳃金龟	*Megistophylla grandicornis*			
843	大栗鳃金龟	*Melolontha hippocastani*			
844	大头霉鳃金龟	*Microtricha cepalotes*			
845	台迷鳃金龟	*Miridiba formosana*			
	丽金龟科	**Rutelinae**			
846	小蓝长丽金龟	*Adoretosoma chromaticum*			
847	腹毛异丽金龟	*Anomala amychodes*			
848	古黑异丽金龟	*Anomala antiqua*			
849	黑带异丽金龟	*Anomala curator*			
850	刻纹异丽金龟	*Anomala delaveyi*			
851	毛沟异丽金龟	*Anomala hirsutula*			
852	侧皱异丽金龟	*Anomala kambaitina*			
853	暗红异丽金龟	*Anomala praeclara*			
854	红背异丽金龟	*Anomala rufithorax*			
855	陷缝异丽金龟	*Anomala rufiventris*			
856	褐腹异丽金龟	*Anomala russiventris*			
857	突唇异丽金龟	*Anomala siamensis*			

（续）

序号	目、科、种	目、科、种学名	云南新纪录种	珍稀濒危物种	图版
858	三带异丽金龟	*Anomala trivirgata*			
859	幻色异丽金龟	*Anomala variivestis*			
860	墨绿矛丽金龟	*Callistethus auronitens*			
861	淡色牙丽金龟	*Kibakoganea dohertyi*			
862	蓝足彩丽金龟	*Mimela cyanipes*			
863	镜背彩丽金龟	*Mimela laevicollis*			
864	富色彩丽金龟	*Mimela ohausi*			
865	墨绿彩丽金龟	*Mimela splendens*			图版 22
866	大斑弧丽金	*Popillia cerinimaculata*			
867	蓝黑弧丽金龟	*Popillia cyanea*			
868	蓝亮弧丽金龟	*Popillia cyanea splendidicollis*			
869	弱斑弧丽金龟	*Popillia histeroidea*			
870	中华弧丽金龟	*Popillia quadriguttata*			
	犀金龟科	**Dynastidae**			
871	细角尤犀金龟	*Eupatorus gracilicornis*		√	图版 22
872	橡胶木犀金龟	*Xylotrupes gideon*			图版 22
	花金龟科	**Cetoniidae**			
873	胫刷瘦花金龟	*Coilodera idolica*			
874	四带瘦花金龟	*Coilodera quadrilineata*			
875	褐鳞花金龟	*Cosmiomorpha modesta*			
876	毛鳞花金龟	*Cosmiomorpha setulosa*			
877	双斑小花金龟	*Cymophorus pulchellus*			
878	褐锈花金龟	*Poeilophilides rusticola*			
879	纺桃花金龟	*Proteatia fusca*			
880	红足罗花金龟	*Rhomborrhina diffusa*			
881	横纹罗花金龟	*Rhomborrhina fortunei*			
882	云罗花金龟	*Rhomborrhina yunnana*			
883	暗蓝异花金龟	*Thaumastopeus nigritus*			
884	暗异花金龟	*Thaumastopeus pullus*			
	锹甲科	**Lucanidae**			
885	萨姆环锹甲	*Cyclommatus assamensis*			图版 22
886	三带环锹甲	*Cyclommatus strigiceps*			
887	韦氏环锹甲	*Cyclommatus vitalisi*			

（续）

序号	目、科、种	目、科、种学名	云南新纪录种	珍稀濒危物种	图版
888	细角刀锹甲	*Dorcus yaksha*			
889	束胸小刀锹甲	*Falcicornis bisignano*			
890	叉锹甲	*Lucanus furcifer*			
891	雅深山锹甲	*Lucanus nobilis*			
892	小黑新锹甲	*Neolucanus championi*			
893	黄边新锹甲	*Neolucanus marginatus*			
894	库光胫锹甲	*Odontolabis cuvera*			
895	西光胫锹甲	*Odontolabis siva*			
896	黄光胫锹甲	*Odontolabis vesicolor*			
897	褐红前锹甲	*Prosopocoilus astacoides*			
898	宽带前锹甲	*Prosopocoilus biplagiatus*			
899	狭长前锹甲	*Prosopocoilus gracilis*			
900	缝前锹甲	*Prosopocoilus suturalis*			
901	塔前锹甲	*Prosopocoilus tarsalis*			
902	双斑前锹甲	*Prosopocoilus biplagiatus*			
903	巨锯锹甲	*Serrognathus titanus*			
	天牛科	**Cerambycidae**			
904	栗灰锦天牛	*Acalolepta degener*			
905	灰绿锦天牛	*Acalolepta griseipennis*			
906	皱胸闪光天牛	*Aeolesthes holosericea*			
907	二斑壮天牛	*Alidus biplagiatus*			图版 22
908	黑足缨天牛	*Allotraeus rubriventris*			
909	黑角连突天牛	*Anastathes nigricornis*			
910	绿绒星天牛	*Anoplophora beryllina*			
911	华星天牛	*Anoplophora chinensis*			
912	蓝斑星天牛	*Anoplophora davidis*			
913	丽星天牛	*Anoplophora elegans*			
914	黄斑灿天牛	*Anubis bipustulatus*			
915	长额灿天牛	*Anubis rostratus*			
916	桑天牛	*Apriona germari*			
917	皱胸粒肩天牛	*Apriona rugicollis*			图版 22
918	双带长毛天牛	*Arctdamia fasciata*			图版 23
919	赤短梗天牛	*Arhopalus unicolor*			

（续）

序号	目、科、种	目、科、种学名	云南新纪录种	珍稀濒危物种	图版
920	桔斑簇天牛	*Aristobia approximator*			
921	毛簇天牛	*Aristobia horridula*			
922	龟背簇天牛	*Aristobia testudo*			
923	碎斑簇天牛	*Aristobia voeti*			
924	黄荆重突天牛	*Astathes episcopalis*			
925	黄蓝眼天牛	*Baccisa guerryi*			
926	本天牛	*Bandar pascoei*			图版 23
927	圆八星白条天牛	*Batocera calana*			图版 23
928	橙斑白条天牛	*Batocera davidis*			图版 23
929	云斑白条天牛	*Batocera horsfieldi*			
930	锈斑白条天牛	*Batocera numitor*			
931	杧果八星白条天牛	*Batocera parryi*			
932	云纹灰天牛	*Blepephaeus infelix*			图版 23
933	深斑灰天牛	*Blepephaeus succinctor*			
934	棕象花天牛	*Capnolymma brunnea*			
935	褐蜡天牛	*Ceresium geniculatum*			
936	白斑蜡天牛	*Ceresium leucosticticum*			
937	顶斑蜡天牛	*Ceresium nilgiriense*			
938	四斑蜡天牛	*Ceresium quadrimaculatum*			
939	中华蜡天牛	*Ceresium sinicum*			
940	橘光绿天牛	*Chelidonium argentatum*			
941	黄斑绿天牛	*Chelidonium cinctum*			
942	竹绿虎天牛	*Chlorophorus annularis*			
943	榄绿虎天牛	*Chlorophorus eleodes*			
944	裂纹绿虎天牛	*Chlorophorus separatus*			
945	黑胸纤天牛	*Cleomenes nigricollis*			
946	麻点瘤象天牛	*Coptops leucostictica*			图版 23
947	榄仁瘤象天牛	*Coptops lichenea*			
948	柳枝豹天牛	*Coscinesthes porosa*			
949	白盾筛天牛	*Cribragapanthia scutellata*			
950	栎蓝天牛	*Dere thoracica*			
951	木棉丛角天牛	*Diastocera wallichi*			
952	蔗根土天牛	*Dorysthenes granulosus*			

（续）

序号	目、科、种	目、科、种学名	云南新纪录种	珍稀濒危物种	图版
953	苹根土天牛	*Dorysthenes hugeli*			
954	钩突土天牛	*Dorysthenes sternalis*			
955	长牙土天牛	*Dorysthenes walkeri*			
956	暗褐瘤翅天牛	*Echthistatodes subobscurus*			
957	石纹拟鹿天牛	*Eluscus luscus*			
958	纹拟鹿天牛	*Epepeotes densemaculatus*			
959	黑斑拟鹿天牛	*Epepeotes uncinatus*			
960	黑眉天牛	*Epipedocera atra*			
961	阔胸眉天牛	*Epipedocera laticollis*			
962	小黑眉天牛	*Epipedocera subatra*			
963	眉天牛	*Epipedocera zona*			
964	线纹羽角天牛	*Eucomatocera vittata*			图版 23
965	黑盾阔咀天牛	*Euryphagus lundii*			
966	樟扁锯天牛	*Eurypoda batesi*			
967	三带天牛	*Eutaenia trifascella*			
968	蓝粉短脊天牛	*Glenda suffusa*			
969	眉斑并脊天牛	*Glenea cantor*			图版 23
970	黄带并脊天牛	*Glenea indiana*			
971	圆斑并脊天牛	*Glenea posticata*			
972	丽并脊天牛	*Glenea pulchra*			
973	榕指角天牛	*Imantocera penicillata*			
974	黑角筒天牛	*Linda atricornis*			
975	瘤筒天牛	*Linda femorata*			
976	赤瘤筒天牛	*Linda nigroscutata*			
977	褐瘤筒天牛	*Linda testacea*			
978	簇毛瘤筒天牛	*Linda vitalisi*			
979	白斑尖天牛	*Lychrosis caballinus*			
980	麻斑尖天牛	*Lychrosis zebrinus*			
981	长颈鹿天牛	*Macrochenus guerini*			
982	肖白星鹿天牛	*Macrochenus tonkinensis*			
983	密齿锯天牛	*Macrotoma fisheri*			
984	瘦角密齿天牛云南亚种	*Macrotoma pascoei gressitt*			
985	栗山天牛	*Massicus raddei*			

（续）

序号	目、科、种	目、科、种学名	云南新纪录种	珍稀濒危物种	图版
986	脊薄翅天牛	*Megopis costipennis*			
987	毛角薄翅天牛	*Megopis marginalis*			
988	尼泊尔薄翅锯天牛	*Megopis nepalensis*			
989	薄翅锯天牛	*Megopis sinica*			
990	隐脊薄翅天牛东方亚种	*Megopis sinica ornaticollis*			
991	杂斑角象天牛	*Mesocasia multimaculata*			
992	树纹污天牛	*Moechotypa delicatula*			
993	松墨天牛	*Monochamus alternatus*			
994	蓝墨天牛	*Monochamus guerryi*			
995	绿墨天牛	*Monochamus millegranus*			
996	铜色肿角天牛	*Neocerambyx grandis*			图版 23
997	斜尾脊筒天牛	*Nupserha kankauensis*			
998	萤腹筒天牛	*Oberea birmanica*			
999	短足筒天牛	*Oberea ferruginia*			
1000	一点筒天牛	*Oberea uninotaticollis*			
1001	闪光侧沟天牛	*Obrium laosicum*			
1002	六星粉天牛	*Olenecamptus albolineatus*			
1003	越南六星粉天牛	*Olenecamptus bilobus tonkinus*			
1004	沟翅珠角天牛	*Pachylocerus sulcatus*			图版 24
1005	古薄翅天牛	*Palaeomegopis lameerei*			
1006	橄榄梯天牛	*Pharsalia subgemmata*			
1007	桔根锯天牛	*Priotyrranus closteroides*			
1008	桑黄星天牛	*Psacothea hilaris*			
1009	台湾坡天牛	*Pterolophia formosana*			
1010	皱胸折天牛	*Pyrestes rugicollis*			
1011	管纹虎天牛	*Rhaphuma hosfieldi*			
1012	短管艳虎天牛	*Rhaphuma laosica*			
1013	茶丽天牛	*Rosalia lameerei*			
1014	厚角丽天牛	*Rosalia pachycornis*			
1015	扁角天牛	*Sarmydus antennatus*			图版 24
1016	短角幽天牛	*Spondylis buprestoides*			
1017	拟蜡天牛	*Stenygrinum quadrinotatum*			
1018	长角栎天牛	*Stromatium longicorne*			

（续）

序号	目、科、种	目、科、种学名	云南新纪录种	珍稀濒危物种	图版
1019	毛角蜢天牛	*Tetraglenes hirticornis*			
1020	黄带刺楔天牛	*Thermistis croceocincta*			
1021	红胸齿天牛	*Thermonotus ruber*			
1022	密点毡天牛	*Thylacts densepunctatus*			
1023	双斑糙天牛	*Trachystolodes tonkinensis*			
1024	家茸天牛	*Trichoferus campestris*			
1025	石梓蓑天牛	*Xylorhiza adusta*			图版 24
1026	合欢双条天牛	*Xystrocera globosa*			图版 24
	负泥虫科	**Crioceridae**			
1027	光顶负泥虫	*Lema chujoi*			
1028	齿负泥虫	*Lema coromandeliana*			
1029	糙胸负泥虫	*Lema femorata*			
1030	红胸负泥虫	*Lema fortunei*			
1031	蓝翅负泥虫	*Lema honorata*			
1032	平顶负泥虫	*Lema lacosa*			
1033	紫翅负泥虫	*Lema praeclara*			
1034	四点负泥虫	*Lema quadripunctata*			
1035	丽负泥虫	*Lilioceris adoni*			
1036	黑胸负泥虫	*Lilioceris bechynei*			
1037	纤负泥虫	*Lilioceris egena*			
1038	异负泥虫	*Lilioceris impressa*			
1039	四斑负泥虫	*Lilioceris quadripustulata*			
1040	钢蓝负泥虫	*Lilioceris rufometallica*			
1041	脊负泥虫	*Lilioceris subcostata*			
1042	斑腿距甲	*Poecilomorpha assamensis yunnana*			
1043	毛胫茎甲	*Sagrinola odontopus*			
1044	斑胸距甲	*Temnaspis maculata*			
	叶甲科	**Chrysomelidae**			
1045	黄丽斑叶甲	*Agasta formosa*			
1046	丝殊角萤叶甲	*Agetocera filicornis*			
1047	蓝翅阿波萤叶甲	*Aplosonyx chalybaeus*			
1048	黄阿萤叶甲	*Arthrotidea ruficollis*			
1049	黑带亚斑叶甲	*Asiparopsis convexa*			

（续）

序号	目、科、种	目、科、种学名	云南新纪录种	珍稀濒危物种	图版
1050	豹斑亚斑叶甲	*Asiparopsis pardalis*			
1051	豆长刺萤叶甲	*Atrahya menetriesi*			
1052	黑盾黄守瓜	*Aulacophora almora*			
1053	斑翅红守瓜	*Aulacophora bicolor*			
1054	黄守瓜	*Aulacophora femoralis*			
1055	异角黑守瓜	*Aulacophora frontalis*			
1056	黄足黑守瓜	*Aulacophora lewisii*			
1057	黑须黑守瓜	*Aulacophora nigripalpis*			
1058	铜绿金叶甲	*Chrysolina aurata*			
1059	恶性桔潜跳甲	*Clitea metallica*			
1060	麻克萤叶甲	*Cneorane cariosipennis*			
1061	蓝翅克萤叶甲	*Cneorane subcaesrulescens*			
1062	毛殊角萤叶甲	*Estigmena chinensis*			
1063	铜色凸顶跳甲	*Euphitrea micans*			
1064	褐背小萤叶甲	*Galerucella grisescens*			
1065	异色柱萤叶甲	*Gallerucida ornatipennis*			
1066	十二斑角胫叶甲	*Gonioctena flavoplagiata*			
1067	三眼角胫叶甲	*Gonioctena trilochana*			
1068	黑足血红跳甲	*Haemaltica nigripes*			
1069	黄片爪萤叶甲	*Haplomela semiopaca*			
1070	褐背哈萤叶甲	*Haplosomoides egena*			
1071	莫沟胫跳甲	*Hemipyxis moseri*			
1072	黄瘤爪跳甲	*Hyphasis indica*			
1073	云南异额萤叶甲	*Macrima yunnanensis*			
1074	黑胸大萤叶甲	*Merista fraternalis*			
1075	黄腹大萤叶甲	*Meristoides grandipennis*			
1076	长角米萤叶甲	*Mimastra gracilicornis*			
1077	黄缘米萤叶甲	*Mimastra limbata*			
1078	双斑长跗萤叶甲	*Monolepta hieroglyphica*			
1079	黄斑长跗萤叶甲	*Monolepta signata*			
1080	榕萤叶甲	*Morphosphaera japonica*			
1081	绿榕萤叶甲	*Morphosphaera viridipennis*			
1082	黄齿猿叶甲	*Odontoedon fulvescens*			

（续）

序号	目、科、种	目、科、种学名	云南新纪录种	珍稀濒危物种	图版
1083	二点瓢萤叶甲	*Oides bipunctata*			
1084	蓝翅瓢萤叶甲	*Oides bowringii*			
1085	八角瓢萤叶甲	*Oides leucomelaena*			
1086	黑胸瓢萤叶甲	*Oides lividus*			
1087	二带凹翅萤叶甲	*Paleosepharia excavata*			
1088	哈拟守瓜	*Paridea harmandi*			
1089	壮丽萤叶甲	*Periclitena vigorsi*			
1090	铜色圆叶甲	*Plagiodera cupreata*			
1091	淡尾桔潜跳甲	*Podagricomela apicipennis*			
1092	十斑漆树跳甲	*Podontia affinis*			
1093	褐带漆树跳甲	*Podontia dalmani*			
1094	黑麻萤叶甲	*Pseudadimonia variolosa*			
1095	黑胸伪守瓜	*Pseudocophora pectoralis*			
1096	斑伪守瓜云南亚种	*Pseudocophora uniplagiata yunnana*			
1097	无饰双行跳甲	*Pseudodera inornata*			
1098	褐翅斯萤叶甲	*Sphenoria duviveri*			
	肖叶甲科	**Eumolpidae**			
1099	聚刻角胸叶甲	*Basilepta congregata*			
1100	李叶甲	*Cleoporus variabilis*			
1101	堇色突肩叶甲	*Cleorina janthina*			
1102	粉筒胸叶甲	*Lypesthes ater*			
1103	齿股扁角叶甲	*Platycorynus dentatus*			
1104	铜红扁角叶甲	*Platycorynus purpureipennis*			
1105	绒毛叶甲	*Trichochrysea hirta*			
1106	大毛叶甲	*Trichochrysea imperialis*			
1107	合欢毛叶甲	*Trichochrysea nitidissima*			
	铁甲科	**Hispidae**			
1108	棕栗三脊甲	*Agonita castanea*			
1109	中华三脊甲	*Agonita chinensis*			
1110	朱红三脊甲	*Agonita immaculata*			
1111	无齿三脊甲	*Agonita indenticulata*			
1112	黑色三脊甲	*Agonita nigra*			
1113	雕胸三脊甲	*Agonita sculpturata*			

（续）

序号	目、科、种	目、科、种学名	云南新纪录种	珍稀濒危物种	图版
1114	大三脊甲	*Agonita seminigra*			
1115	隆额潜甲	*Anisodera guerini*			
1116	皱腹潜甲	*Anisodera rugulosa*			
1117	阴阳丽甲	*Callispa bipartita*			
1118	竹丽甲	*Callispa bowringii*			
1119	钝头丽甲	*Callispa brettinghami*			
1120	蓝丽甲指名亚种	*Callispa cyanea cyanea*			
1121	半鞘丽甲	*Callispa dimidiatipennis*			
1122	钢蓝丽甲	*Callispa feae*			
1123	中华丽甲凹缘亚种	*Callispa fortunei emarginata*			
1124	阔丽甲	*Callispa harena*			
1125	红腹丽甲	*Callispa popovi*			
1126	嵌头丽甲	*Callispa uhmanni*			
1127	斑鞘趾铁甲	*Dactvlispa lameyi*			
1128	齐刺趾铁甲	*Dactylispa balyi*			
1129	灰绒趾铁甲	*Dactylispa basalis*			
1130	山地趾铁甲云南亚种	*Dactylispa brevispinosa yunnan*			
1131	片肩叉趾铁甲	*Dactylispa carinata*			
1132	中华叉趾铁甲	*Dactylispa chinensis*			
1133	柄刺叉趾铁甲	*Dactylispa confluens*			
1134	光斑趾铁甲	*Dactylispa dohertyi*			
1135	双刺趾铁甲	*Dactylispa doriae*			
1136	黄斑趾铁甲	*Dactylispa flavomaculata*			
1137	多刺叉趾铁甲指名亚种	*Dactylispa higoniae higoniae*			
1138	纤瘦趾铁甲	*Dactylispa longula*			
1139	斑背叉趾铁甲	*Dactylispa maculithorax*			
1140	异色趾铁甲	*Dactylispa malaisei*			
1141	附刺叉趾铁甲	*Dactylispa multifida*			
1142	黑盘叉趾铁甲	*Dactylispa nigrodiscalis*			
1143	多毛趾铁甲	*Dactylispa pilosa*			
1144	鹿角叉趾铁甲	*Dactylispa ramuligera*			
1145	竹趾铁甲	*Dactylispa sjostedti*			
1146	粗刺趾铁甲	*Dactylispa spinosa*			

（续）

序号	目、科、种	目、科、种学名	云南新纪录种	珍稀濒危物种	图版
1147	黄黑趾铁甲	*Dactylispa xanthospila*			
1148	稻铁甲云南亚种	*Dicladispa armigera yunnanica*			
1149	黑背平脊甲	*Downesia atrata*			
1150	密点平脊甲	*Downesia gestroi*			
1151	爪哇平脊甲金平亚种	*Downesia javana ginpinica*			
1152	黑鞘平脊甲	*Downesia nigripennis*			
1153	点胸平脊甲	*Downesia puncticollis*			
1154	赤色平脊甲	*Downesia ruficolor*			
1155	双色平脊甲	*Downesia sasthi*			
1156	脊胸平脊甲	*Downesia strigicollis*			
1157	丽斑脊甲	*Gonophora pulchella*			
1158	青鞘铁甲	*Hispa andrewesi*			
1159	长刺尖爪铁甲大陆亚种	*Hispellinus callicanthus moestus*			
1160	皱胸侧爪脊甲	*Klitispa rugicollis*			
1161	柱形毛唇潜甲	*Lasiochila cylindrica*			
1162	云南毛唇潜甲	*Lasiochila estigmenoides*			
1163	涡胸毛唇潜甲	*Lasiochila excavata*			
1164	大毛唇潜甲	*Lasiochila gestroi*			
1165	长鞘毛唇潜甲	*Lasiochila longipennis*			
1166	麻胸卷叶甲	*Leptispa collaris*			
1167	大卷叶甲	*Leptispa magna*			
1168	黑角瘤铁甲	*Oncocephala atratangula*			
1169	半圆瘤铁甲	*Oncocephala hemicyclica*			
1170	尖角瘤铁甲云南亚种	*Oncocephala weisei yunnanica*			
1171	枣椰扁潜甲	*Pistosia dactyliferae*			
1172	狭叶掌铁甲	*Platypria alecs*			
1173	并蒂掌铁甲	*Platypria aliena*			
1174	长毛掌铁甲	*Platypria echidna*			
1175	细角准铁甲	*Rhadinosa fleutiauxi*			
1176	云南准铁甲	*Rhadinosa yunnanica*			
1177	洼胸断脊甲	*Sinagonia foveicollis*			
	龟甲科	**Cassididae**			
1178	阔边梳龟甲	*Aspidomorpha dorsata*			

（续）

序号	目、科、种	目、科、种学名	云南新纪录种	珍稀濒危物种	图版
1179	甘薯梳龟甲	*Aspidomorpha furcata*			
1180	印度梳龟甲	*Aspidomorpha indica*			
1181	星斑梳龟甲	*Aspidomorpha miliaris*			
1182	褐刻梳龟甲	*Aspidomorpha punctata*			
1183	金梳龟甲	*Aspidomorpha sanctaecrucis*			
1184	拱边锯龟甲	*Basiprionota westermanni*			
1185	条点沟龟甲	*Chiridopsis bowringi*			
1186	黑网沟龟甲指名亚种	*Chiridopsis punctata*			
1187	黑符沟龟甲	*Chiridopsis scalaris*			
1188	石梓翠龟甲海南亚种	*Craspedonta leayana insulana*			
1189	绿斑麻龟甲	*Epistictina viridimaculata*			
1190	甘薯腊龟甲	*Laccoptera guadrimaculata*			图版 24
1191	条肩腊龟甲	*Laccoptera plagiograpta*			
1192	甘薯腊龟甲尼泊尔亚种	*Laccoptera quadrimacula nepalensis*			
1193	金平瘤龟甲	*Notosacantha ginpinensis*			
1194	窄额瘤龟甲	*Notosacantha shishona*			
1195	十六斑单梳龟甲	*Sindia sedecimmaculata*			
1196	淡腹双梳龟甲	*Sindiola hospita*			
1197	二十六斑双梳龟甲	*Sindiola vigintisexnotata*			
1198	真台龟甲	*Taiwania sauteri*			
1199	眉纹台龟甲	*Taiwania vitalis*			
1200	南台金甲	*Taiwania australica*			
1201	双轨台龟甲	*Taiwania binorbis*			
1202	叉顶台龟甲	*Taiwania corbetti*			
1203	驼饰台龟甲	*Taiwania eoa*			
1204	金平圆龟甲	*Taiwania ginpinca*			
1205	花盘台龟甲	*Taiwania imparata*			
1206	大云龟甲	*Taiwania inciens*			
1207	黑腹台龟甲	*Taiwania nigriventris*			
1208	黑股圆龟甲	*Taiwania nucula*			
1209	柑桔台龟甲	*Taiwania obtusata*			
1210	迷台龟甲	*Taiwania perplexa*			
1211	黑额圆龟甲	*Taiwania probata*			

（续）

序号	目、科、种	目、科、种学名	云南新纪录种	珍稀濒危物种	图版
1212	前臂台龟甲	*Taiwania truncatipennis*			
1213	凸胸台龟甲	*Taiwania tumidicollis*			
1214	单圈圆龟甲	*Taiwania uniorbis*			
1215	异变圆金龟	*Taiwania variabilis*			
1216	苹果台龟甲	*Taiwania versicolor*			
1217	血缝台龟甲印度亚种	*Tawania triangulum indochinensis*			
1218	双斑尾龟甲	*Thlaspida biramosa*			
1219	淡斑尾龟甲	*Thlaspida cribrosa*			
	豆象科	**Bruchidae**			
1220	白点豆象	*Spermophagus albonotatus*			
	象甲科	**Curculionidae**			
1221	花椒长足象	*Alcidodes sauteri*			
1222	膝卷象	*Apoderus geniculatus*			
1223	黄纹卷象	*Apoderus sexguttatus*			图版 24
1224	大豆洞腹象	*Atactogaster inducens*			
1225	宽肩圆腹象	*Blosyrus asellus*			
1226	猫尾木球象	*Cionus tonkinensis*			
1227	枹栎象	*Curculio haroldi*			
1228	甘薯小象	*Cylas formicarius*			图版 24
1229	长足大竹象	*Cyrtotrachelus buqueti*			图版 24
1230	大竹象	*Cyrtotrachelus longimanus*			图版 24
1231	淡灰瘤象	*Dermatoxenus caesicollis*			
1232	中带毛束象	*Desmidophorus morbosus*			
1233	云南松镰象	*Drepanoderes leucofasciatus*			
1234	灌县癞象	*Episomus kwangsiensis*			
1235	大豆高隆象	*Ergania doriae yunnanus*			
1236	蓝绿象	*Hypomeces squamosus*			
1237	大尖齿象	*Lamprolabus bihastatus*			
1238	黄条翠象	*Lepropus flavovittatus*			
1239	香蕉扁象	*Odoiporus longicollis*			
1240	一字竹象	*Otidognathus davidi*			
1241	长角角胫象	*Shirahoshizo flavonotatus*			
1242	梨铁象	*Styanax apicatus*			

（续）

序号	目、科、种	目、科、种学名	云南新纪录种	珍稀濒危物种	图版
1243	大肚象	*Xanthochelus faunus*			
	小蠹科	**Scolytidae**			
1244	削尾胸缘小蠹	*Cnestus mutilatus*			
1245	小圆胸小蠹	*Euwallacea fornicatus*			
1246	坡面方胸小蠹	*Euwallacea interjectus*			
1247	橡胶材小蠹	*Xyleborus affinis*			
1248	小粒绒盾小蠹	*Xyleborus artestriatus*			
1249	短翅材小蠹	*Xyleborus brevis*			
1250	秃尾足距小蠹	*Xylosandrus amputatus*			
	长小蠹科	**Platypodidae**			
1251	镰长小蠹	*Platypus calculus*			
	广翅目	**Megaloptera**			
	齿蛉科	**Corydalidae**			
1252	云南巨齿蛉	*Acanthacorydalis yunnanensis*			
1253	普通齿蛉	*Neoneuromus ignobilis*			
1254	星齿蛉	*Protohermes axillatus*			
1255	佛氏星齿蛉	*Protohermes flinti*			
1256	锡金齿蛉	*Neoneuromus sikkimensis*			
1257	单斑巨齿蛉	*Acanthacorydalis unimaculata*			
1258	黄胸黑齿蛉	*Neurhermes tonkinensis*			
1259	阿萨姆星齿蛉	*Protohermes assamensis*			
1260	迷星齿蛉	*Protohermes triangulatus*			
1261	东方斑鱼蛉	*Neochauliodes orientalis*			
1262	南方斑鱼蛉	*Neochauliodes meridionalis*			
	脉翅目	**Neuroptera**			
	溪蛉科	**Osmylidae**			
1263	小窗溪蛉	*Thyridosmylus perspicillaris*			
	褐蛉科	**Hemerobiidae**			
1264	脉线蛉	*Neuronema* sp.			
1265	梯阶脉褐蛉	*Micromus timidus*			
	草蛉科	**Chrysopidae**			
1266	通草蛉	*Chrysoperla* sp.			
1267	云南意草蛉	*Italochrysa yunnanica*			

（续）

序号	目、科、种	目、科、种学名	云南新纪录种	珍稀濒危物种	图版
1268	日本意草蛉	*Italochrysa japonica*			
	蚁蛉科	**Myrmeleontidae**			
1269	闪烁哈蚁蛉	*Hagenomyia micans*			
	蝶角蛉科	**Ascalaphidae**			
1270	锯角蝶角蛉	*Acheron trux*			
1271	凹腰苏蝶角蛉	*Suphalomitus excavatus*			
	鳞翅目	**Lepidoptera**			
	木蠹蛾科	**Cossidae**			
1272	白背斑蠹蛾	*Xyleutes leuconotus*			图版 25
1273	枭斑蠹蛾	*Xyleutes strix*			
1274	大斑豹蠹蛾	*Zeuzera multistrigata*			
1275	梨豹蠹蛾	*Zeuzera pyrina*			图版 25
	螟蛾科	**Pyralidae**			
1276	白桦角须野螟	*Agrotera nemoralis*			
1277	白蜡绢野螟	*Diaohania nigropunctalis*			
1278	绿翅绢野螟	*Diaphania angustalis*			
1279	二斑绢野螟	*Diaphania bicolor*			
1280	赭缘绢野螟	*Diaphania lacustralis*			图版 25
1281	条纹绢野螟	*Diaphania strialis*			
1282	褐纹翅野螟	*Diasemia accalis*			
1283	白斑翅野螟	*Diastictis inspersalis*			
1284	桃蛀野螟	*Dichocrocis punctiferalis*			
1285	网拱翅野螟	*Epipagis cancellalis*			
1286	叶展须野螟	*Eurrhyparodes bracteolalis*			
1287	云纹烟翅野螟	*Heterocnephes lymphatalis*			
1288	赭翅长距野螟	*Hyalobathra coenostolalis*			
1289	短梳角野螟	*Meroctena tullalis*			
1290	盐肤木瘤丛螟	*Orthaga euadrusalia*			
1291	肿额野螟	*Prooedema inscisalis*			
1292	黑脉厚须螟	*Propachys nigrivena*			
1293	黄斑紫翅野螟	*Rehimena phrynealis*			
1294	三化螟	*Tryporyza incertulas*			
1295	弓缘残翅螟	*Xenomilia humeralis*			

（续）

序号	目、科、种	目、科、种学名	云南新纪录种	珍稀濒危物种	图版
	草螟科	**Crambidae**			
1296	圆斑黄缘禾螟	*Cirrhochrista brizoalis*			
1297	褐纹丝角野螟	*Filodes mirificalis*			
1298	白斑黑野螟	*Phlyctaenia tyres*			图版 25
	蓑蛾科	**Psychidae**			
1299	小窠蓑蛾	*Clania minuscula*			
	斑蛾科	**Zygaenidae**			
1300	釉锦斑蛾	*Amesia sanguiflua*			
1301	黄纹旭锦斑蛾	*Campylotes pratti*			
1302	蓝紫锦斑蛾	*Cyclosia midamia*			
1303	蝶形锦斑蛾	*Cyclosia Papilionaris*			图版 25
1304	茶柄脉锦斑蛾	*Eterusia aedea*			图版 25
1305	野茶带锦斑蛾	*Pidorus glaucopis*			
	刺蛾科	**Limacodidae**			
1306	越银纹刺蛾	*Miresa demangei*			
1307	背刺蛾	*Belippa horrida*			
1308	灰双线绿刺蛾	*Cania bilibeata*			
1309	客刺蛾	*Ceratonema retractum*			
1310	仿姹刺蛾	*Chalcoscelides castaneipars*			
1311	长须刺蛾	*Hyphorma minax*			
1312	银点绿刺蛾	*Latoia albipuncta*			
1313	两色绿刺蛾	*Latoia bicolcr*			
1314	黄腹绿刺蛾	*Latoia flavabdomena*			
1315	漫绿刺蛾	*Latoia ostia*			
1316	波带绿刺蛾	*Latoia undulata*			
1317	著点绿刺蛾	*Latoia zhudiana*			
1318	闪银纹刺蛾	*Miresa fulgida*			
1319	线银纹刺蛾	*Miresa urga*			
1320	狡娜刺蛾	*Narodoideus vulpinus*			
1321	波眉刺蛾	*Narosa corusca*			
1322	银眉刺蛾	*Narosa doenia*			
1323	丽绿刺蛾	*Parasa lepida*			
1324	绒刺蛾	*Phocoderma velutina*			

（续）

序号	目、科、种	目、科、种学名	云南新纪录种	珍稀濒危物种	图版
1325	细刺蛾	*Pseudidonauton admirabile*			
1326	显脉球须刺蛾	*Scopelodes venosa kwangtungensis*			图版 25
1327	眼鳞刺蛾	*Squamosa ocellata*			
1328	织素刺蛾	*Susica huphorma*			
1329	大扁刺蛾	*Thosea grandis*			
	网蛾科	**Thyrididae**			
1330	蝉网蛾	*Glanycus foochowensis*			
	钩蛾科	**Drepanidae**			
1331	褐黄窗钩蛾	*Specltoreta hyalodisca*			
	尺蛾科	**Geometridae**			
1332	丝棉木金星尺蛾	*Abraxas suspecta*			图版 25
1333	榛金星尺蛾	*Abraxas sylvata*			
1334	云尺蛾	*Buzura thibetaria*			图版 25
1335	栎绿尺蛾	*Comibaena delicator*			
1336	镶纹绿尺蛾	*Comibaena subhyalina*			
1337	猗尺蛾	*Ctropis crepuscular*			
1338	八角尺蠖	*Dilophodes elegans sinica*			图版 26
1339	无脊青尺蛾	*Herochroma baba*			
1340	中国巨青尺蛾	*Limbatochlamys rosthorni*			
1341	择长翅尺蛾	*Obeidia tigrata*			
1342	义尾尺蛾	*Ourapteryx barachycera*			
1343	四川尾尺蛾	*Ourapteryx ebuleata szechuana*			图版 26
1344	川匀点尺蛾	*Percnia belluaria sifanica*			图版 26
1345	柿星尺蛾	*Percnia giraffata*			图版 26
1346	云南粉尺蛾	*Pingasa alba yunnana*			
1347	三排缘尺蛾	*Pogonopygia pavidus*			图版 26
1348	三线沙尺蛾	*Sarcinodes aequilinearia*			图版 26
1349	叉线青尺蛾	*Tanaoctenia dehaliarai*			
1350	台湾镰翅绿尺蛾	*Tanaorhinus formosanus*			图版 26
1351	钩镰翅绿尺蛾	*Tanaorhinus rafflesi*			
1352	江浙垂耳尺蛾	*Terpna iterand*			图版 26
1353	屏边垂耳尺蛾	*Terpna pingbiana*			
1354	玉臂黑尺蛾	*Xandrames dholaria sericea*			图版 26

（续）

序号	目、科、种	目、科、种学名	云南新纪录种	珍稀濒危物种	图版
	波纹蛾科	**Thyatiridae**			
1355	篝波纹蛾	*Gaurena florens*			
1356	银海波纹蛾	*Habrosynula argenteipuncta*			
	舟蛾科	**Notodontidae**			
1357	宽带重舟蛾	*Baradesa lithosioides*			
1358	窄带重舟蛾	*Baradesa omissa*			图版 27
1359	杨扇舟蛾	*Clostera anachoreta*			
1360	柳扇舟蛾	*Clostera rufa*			
1361	褐带绿舟蛾	*Cyphata xanthochlora*			
1362	黑蕊尾舟蛾	*Dudusa sphingiformis*			图版 27
1363	竹拟皮舟蛾	*Mimopydna anaemica*			
1364	大新二尾舟蛾	*Neocerura wisei*			图版 27
1365	多刺梭舟蛾	*Netria multispinae*			
1366	梭舟蛾	*Netria viridescens*			图版 27
1367	愚肖齿舟蛾	*Odontosina morosa*			
1368	栎掌舟蛾	*Phalera assimilis*			
1369	葛藤掌舟蛾	*Phalera cossioides*			图版 27
1370	刺槐掌舟蛾	*Phalera grotei*			图版 27
1371	珠掌舟蛾	*Phalera parivala*			图版 27
1372	伞掌舟蛾	*Phalera sangana*			
1373	榆掌舟蛾	*Phalera takasagoensis*			图版 27
1374	灰掌舟蛾	*Phalera torpida*			
1375	小皮舟蛾	*Pydnella rosacea*			
1376	黑纹玫舟蛾	*Rosama xmagnum*			
1377	干华舟蛾	*Spatalina ferruginosa*			
1378	茅莓蚁舟蛾	*Stauropus basalis*			
1379	台蚁舟蛾	*Stauropus teikichiana*			
1380	尖瓣舟蛾	*Stryba argenteodivisa*			
1381	俪心银斑舟蛾	*Tarsolepis inscius*			
	毒蛾科	**Lymantriidae**			
1382	白丽毒蛾	*Calliteara albescens*			
1383	露毒蛾	*Daplasa irrorata*			
1384	绿茸毒蛾	*Dasychira chloroptera*			图版 27

（续）

序号	目、科、种	目、科、种学名	云南新纪录种	珍稀濒危物种	图版
1385	藏黄毒蛾	*Euproctis chrysosoma*			
1386	菱带黄毒蛾	*Euproctis croceola*			
1387	暗黄毒蛾	*Euproctis gilva*			
1388	翯黄毒蛾	*Euproctis hagna*			
1389	锯纹毒蛾	*Imaus mundus*			
1390	络毒蛾	*Lymantria concolor*			
1391	模毒蛾云南亚种	*Lymantria monacha yunnanesis*			
1392	珊毒蛾	*Lymantria viola*			
1393	橙肩竹毒蛾	*Pantana aurantihumarata*			
1394	黄腹竹毒蛾	*Pantana bicolor*			
1395	黄毒蛾	*Porthesia* sp.			
	灯蛾科	**Arctiidae**			
1396	异色华苔蛾	*Agylla beema*			
1397	双分华苔蛾	*Agylla bisecta*			
1398	白黑华苔蛾	*Agylla ramelana*			
1399	黄脉艳苔蛾	*Asura flavivenosa*			
1400	波纹艳苔蛾	*Asura obsoleta*			
1401	缨苔蛾	*Bitecta murina*			
1402	彩雪苔蛾	*Cyana bianca*			
1403	橙黑雪苔蛾	*Cyana javanica*			
1404	红黑雪苔蛾	*Cyana perornata*			
1405	肋土苔蛾	*Eilema costalis*			
1406	筛土苔蛾	*Eilema cribrata*			
1407	烟纹土苔蛾	*Eilema fuscistriga*			
1408	突缘土苔蛾	*Eilema protuberans*			
1409	后缨良苔蛾	*Eugoa humerana*			
1410	紫苔蛾	*Hemonia orbiferana*			
1411	黄白美苔蛾	*Miltochrista perpallida*			
1412	四线苔蛾	*Mithuna quadriplaga*			
1413	尖纺艳苔蛾	*Neasura apicalis*			
1414	泥苔蛾	*Pelosia muscerda*			
1415	棕灰苔蛾	*Polilsia brunnea*			
1416	紫线灰苔蛾	*Polilsia cubifera*			

（续）

序号	目、科、种	目、科、种学名	云南新纪录种	珍稀濒危物种	图版
1417	雅粉灯蛾	*Alphaea khasiana*			
1418	闪光玫灯蛾	*Amerila astreus*			图版 28
1419	乳白斑灯蛾	*Areas galactina*			图版 28
1420	纹散灯蛾	*Argina argus*			图版 28
1421	窄契斑拟灯蛾	*Asota canaraica*			
1422	一点拟灯蛾	*Asota caricae*			图版 28
1423	橙拟灯蛾	*Asota egens*			图版 28
1424	长斑拟灯蛾	*Asota plana*			
1425	扭拟灯蛾	*Asota tortuosa*			图版 28
1426	色纹大丽灯蛾	*Callimorpha plagiata*			
1427	黄条虎丽灯蛾	*Calpenia khasiana*			
1428	八点灰灯蛾	*Creatonotos transiens*			图版 28
1429	二斑叉纹苔蛾	*Cyana hamata*			
1430	直伪蝶灯蛾	*Deilemera arctata*			
1431	福建灯蛾	*Macrobrochis fukiensis*			图版 28
1432	铅闪拟灯蛾	*Neochera dominia*			图版 28
1433	粉蝶灯蛾	*Nyctemera adversata*			图版 29
1434	冠丽灯蛾	*Sebastia argus*			
1435	赤污灯蛾	*Spilarctia erythrophleps*			
1436	黑须污灯蛾	*Spilarctia casigneta*			
1437	褐带污灯蛾	*Spilarctia lewisi*			
1438	点污灯蛾	*Spilarctia stigmata*			
1439	洁雪灯蛾	*Spilosoma pura*			图版 29
	鹿蛾科	**Amatidae**			
1440	广亮鹿蛾	*Amata sladeni*			
1441	明鹿蛾	*Amata lucerna*			
1442	牧鹿蛾	*Amata pascus*			
1443	梳鹿蛾	*Amata compta*			
1444	伊贝鹿蛾	*Ceryx imaon*			图版 29
1445	春鹿蛾	*Eressa confinis*			
	夜蛾科	**Noctuidae**			
1446	河口银纹夜蛾	*Acanthoplusia hokowensis*			
1447	飞扬阿夜蛾	*Achaea janata*			

（续）

序号	目、科、种	目、科、种学名	云南新纪录种	珍稀濒危物种	图版
1448	黄绮夜蛾	*Acontia crocata*			
1449	苎麻夜蛾	*Arcte coerula*			图版 29
1450	白条夜蛾	*Argyrogramma albostiata*			
1451	短条夜蛾	*Argyrogramma brevistriata*			
1452	爆夜蛾	*Badiza ereboides*			
1453	胡夜蛾	*Calesia dasyptera*			图版 29
1454	白银辉夜蛾	*Chrysodeixis albescens*			
1455	葎草流夜蛾	*Chytonix segregata*			
1456	黄带胸须夜蛾	*Cidariplura duplicifascia*			
1457	姊两色夜蛾	*Dichromia quadralis*			
1458	月牙巾夜蛾	*Dysgonia analis*			
1459	弓巾夜蛾	*Dysgonia arcuata*			图版 29
1460	无肾巾夜蛾	*Dysgonia crameri*			图版 29
1461	霉巾夜蛾	*Dysgonia maturata*			图版 29
1462	变色夜蛾	*Enmonodia vespertilio*			
1463	羊魔目夜蛾	*Erebus caprimulgus*			图版 29
1464	眉魔目夜蛾	*Erebus hierglyphica*			
1465	卷裳魔目夜蛾	*Erebus macrops*			图版 30
1466	波魔目夜蛾	*Erebus orion*			
1467	伯南夜蛾	*Ericeia fraterna*			
1468	中南夜蛾	*Ericeia inangulata*			
1469	艳叶夜蛾	*Eudocima salaminia*			
1470	角网夜蛾	*Heliophobus dissecta*			
1471	荚翅亥夜蛾	*Hydrillodes abavalis*			
1472	苹梢鹰夜蛾	*Hypocala subsatura*			图版 30
1473	蓝条夜蛾	*Ischyja manlia*			图版 30
1474	仿劳粘夜蛾	*Leucania insecuta*			
1475	脊蕊夜蛾	*Lophoptera squammigera*			
1476	落叶夜蛾	*Ophideres fullonica*			图版 30
1477	枯安钮夜蛾	*Ophiusa coronata*			图版 30
1478	枯安纽夜蛾	*Ophiusa coronata*			
1479	青安钮夜蛾	*Ophiusa tirhaca*			图版 30
1480	佩夜蛾	*Oxyodes scrobiculata*			图版 30

（续）

序号	目、科、种	目、科、种学名	云南新纪录种	珍稀濒危物种	图版
1481	冠娱尾夜蛾	*Paectes cristatrix*			
1482	肾星夜蛾	*Perigea leucospila*			
1483	尖口夜蛾	*Rhynchina angustalis*			
1484	旋目夜蛾	*Speiredonia retorta*			图版 30
1485	玉蕊夜蛾	*Stictoptera semialba*			
1486	褐蕊夜蛾	*Stictoptera trajiciens*			
1487	桔肖毛翅夜蛾	*Thyas dotata*			图版 30
1488	肖毛翅夜蛾	*Thyas juno*			图版 3
1489	四星亭夜蛾	*Tinolius quadrimaculatus*			
1490	掌夜蛾	*Tiracola plagiata*			
1491	郁后夜蛾	*Trisuloides infausta*			
1492	黄带后夜蛾	*Trisuloides luteifascia*			
1493	碧角翅夜蛾	*Tyana chloroleuca*			
1494	斜体夜蛾	*Tycracona obliqua*			
1495	角镰须夜蛾	*Zanclognatha angulina*			
	虎蛾科	**Agaristidae**			
1496	老彩虎蛾	*Episteme vetula*			
1497	神豪虎蛾	*Scrobigera vulcania*			
	天蛾科	**Sphingidae**			
1498	鬼脸天蛾	*Acherontia lachesis*			图版 3
1499	芝麻鬼脸天蛾	*Acherontia styx*			
1500	赭绒缺角天蛾	*Acoameryx sericeus*			
1501	黄点缺角天蛾	*Acosmeryx miskini*			图版 3
1502	葡萄缺角天蛾	*Acosmeryx naga*			图版 3
1503	葡萄天蛾	*Ampelophaga rubiginosa*			图版 3
1504	黄线天蛾	*Apocalypsis velox*			图版 3
1505	西昌榆绿天蛾	*Callambulyx tatarinovi sichangensis*			
1506	条背天蛾	*Cechenena lineosa*			图版 3
1507	平背天蛾	*Cechenena minor*			图版 3
1508	咖啡透翅天蛾	*Cephonodes hylas*			
1509	南方豆天蛾	*Clanis bilineata bilineata*			图版 3
1510	洋槐天蛾	*Clanis deucalion*			
1511	杧果天蛾	*Compsogene panopus*			

（续）

序号	目、科、种	目、科、种学名	云南新纪录种	珍稀濒危物种	图版
1512	茜草白腰天蛾	*Deilephila hypothous*			图版 32
1513	绒星天蛾	*Dolbina tancrei*			图版 32
1514	背线天蛾	*Elibia dolichus*			图版 32
1515	白薯天蛾	*Herse convolvuli*			图版 32
1516	后红斜线天蛾	*Hippotion rafflesi*			图版 32
1517	九节木长喙天蛾	*Macroglossum fringilla*			
1518	云南长缘天蛾	*Macroglossum imperator*			
1519	北京长喙天蛾	*Macroglossum saga*			
1520	小豆长喙天蛾	*Macroglossum stellatanum*			
1521	梨六点天蛾	*Marumba gaschkewitschi camplacens*			图版 32
1522	枇杷六点天蛾	*Marumba spectabilis*			图版 32
1523	栗六点天蛾	*Marumba sperchius*			
1524	大背天蛾	*Meganoton analis*			
1525	栎鹰翅天蛾	*Oxyambulyx liturata*			图版 32
1526	鹰翅天蛾	*Oxyambulyx ochracea*			图版 32
1527	橄榄鹰翅天蛾	*Oxyambulyx subocellata*			图版 33
1528	构月天蛾	*Parum colligata*			图版 33
1529	丁香天蛾	*Psilogramma increta*			图版 33
1530	霜天蛾	*Psilogramma menephron*			图版 33
1531	滇白线天蛾	*Rhagastis lunata yunnanaria*			
1532	滇白肩天蛾	*Rhagastis yunnanaria*			
1533	斜绿天蛾	*Rhyncholaba acteus*			图版 33
1534	斜纹后红天蛾	*Theretra alecto cretica*			
1535	斜纹天蛾	*Theretra clotho*			图版 33
1536	浙江土色斜纹天蛾	*Theretra latreillei lucasi*			图版 33
1537	广东土色斜纹天蛾	*Theretra latreillei montana*			图版 33
1538	青背斜纹天蛾	*Theretra nessus*			图版 33
1539	芋双线天蛾	*Theretra oldenlandiae*			图版 34
1540	白眉斜纹天蛾	*Theretra suffusa*			图版 34
	蚕蛾科	**Bombycidae**			
1541	钩翅藏蚕蛾	*Mustilia falcipennis*			
1542	钩翅赭蚕蛾	*Mustilia sphingiformis*			
	大蚕蛾科	**Saturniidae**			

（续）

序号	目、科、种	目、科、种学名	云南新纪录种	珍稀濒危物种	图版
1543	长尾大蚕蛾	*Actias dubernardi*			
1544	红尾大蚕蛾	*Actias rhodopneuma*			图版 34
1545	绿尾大蚕蛾	*Actias selene ningpoana*			图版 34
1546	钩翅大蚕蛾	*Antheraea assamensis*			图版 34
1547	柞蚕蛾	*Antheraea pernyi*			图版 34
1548	乌桕大蚕蛾	*Attacus atlas*			
1549	冬青大蚕蛾	*Attacus edwardsi*		NT	图版 34
1550	月目大蚕蛾	*Caligula zuleika*			图版 34
1551	点目大蚕蛾	*Cricula andrei*			图版 34
1552	银杏大蚕蛾	*Dictyoploca japonica*			图版 35
1553	藤豹大蚕蛾	*Loepa anthera*			
1554	目豹大蚕蛾	*Loepa damartis*			图版 35
1555	鹗目大蚕蛾	*Salassa olivacea*			图版 35
1556	樗蚕蛾	*Samia cynthia*			图版 35
1557	树大蚕蛾	*Syntherata bepoides*			图版 35
	箩纹蛾科	**Brahmaeidae**			
1558	青球箩纹蛾	*Brahmaea hearseyi*			图版 35
	燕蛾科	**Uraniidae**			
1559	大燕蛾	*Lyssa menoetius*			图版 35
	缨翅蛾科	**Pterothysanidae**			
1560	缨翅蛾	*Pterothysanus lacticilia*			
	枯叶蛾科	**Lasioca**			
1561	柳毛虫	*Bhima rotundipennis*			
1562	高山松毛虫	*Dendrolimus angulata*			
1563	云南松毛虫	*Dendrolimus grisea*			
1564	思茅松毛虫	*Dendrolimus kikuchii kikuchii*			
1565	文山松毛虫	*Dendrolimus punctatus wenshanensis*			
1566	大斑丫毛虫	*Metanastria hyrtaca*			
1567	明纹枯叶蛾	*Philudoria decisa*			
1568	栗黄毛虫	*Trabala vishnou*			
	带蛾科	**Eupterotidae**			
1569	褐斑带蛾	*Apha subdives*			
1570	中华金带蛾	*Eupterote chinensis*			图版 35

（续）

序号	目、科、种	目、科、种学名	云南新纪录种	珍稀濒危物种	图版
1571	黑条黄带蛾	*Eupterote citrina*			
1572	紫斑黄带蛾	*Eupterote diffusa*			
1573	金黄斑带蛾	*Eupterote geminata*			图版 35
1574	褐纹黄带蛾	*Eupterote testacea*			
1575	灰纹带蛾	*Ganisa cyanugrisea*			
1576	长纹带蛾	*Ganisa postica kuanytungensis*			
1577	褐带蛾	*Palirisa cervina*			图版 36
1578	丽江带蛾	*Palirisa cervina mosoensis*			图版 36
1579	六线褐带蛾	*Palirisa lineasa*			
1580	波缘褐带蛾	*Palirisa rotundala*			
	凤蝶科	**Prionerisnidae**			
1581	暖曙凤蝶	*Atrophaneura aidonea*			图版 36
1582	华夏剑凤蝶	*Pazala mandarina*			
1583	短尾麝凤蝶	*Byasa crassipes*			
1584	纨绔麝凤蝶	*Byasa latreillei*			
1585	纨裤麝凤蝶广西亚种	*Byasa latreillei kabrua*			
1586	多姿麝凤蝶	*Byasa polyeuctes*			
1587	小黑斑凤蝶	*Chilasa epycides*			
1588	翠蓝斑凤蝶台里亚种	*Chilasa paradoxa telearchus*			
1589	臀珠斑凤蝶	*Chilasa slateri*			
1590	统帅青凤蝶指名亚种	*Graphium agamemmon agamemnon*			
1591	统帅青凤蝶	*Graphium agamemnon*			图版 36
1592	碎斑青凤蝶	*Graphium chironides*			
1593	宽带青凤蝶	*Graphium cloanthus*			
1594	木兰青凤蝶中原亚种	*Graphium doson axion*			
1595	银钩青凤蝶	*Graphium eurypylus*			图版 36
1596	银钩青凤蝶华南亚种	*Graphium eurypylus cheronus*			
1597	黎氏青凤蝶	*Graphium leechi*			
1598	青凤蝶	*Graphium sarpedon*			图版 36
1599	燕凤蝶	*Lamproptera curia*		NT	图版 36
1600	绿带燕凤蝶	*Lamproptera megas*			图版 36
1601	绿带燕凤蝶翠绿亚种	*Lamproptera meges virescens*		NT	
1602	红珠凤蝶	*Pachliopta aristolochiae*			图版 37

（续）

序号	目、科、种	目、科、种学名	云南新纪录种	珍稀濒危物种	图版
1603	红腹凤蝶大斑亚种	*Pachliopta aristolochiae goniopeltis*			
1604	碧凤蝶	*Papilio bianor*			图版 37
1605	牛郎凤蝶	*Papilio bootes*			
1606	达摩凤蝶	*Papilio demoleus*			图版 37
1607	玉斑凤蝶	*Papilio helenus*			图版 37
1608	玉斑凤蝶指名亚种	*Papilio helenus helenus*			
1609	绿带翠凤蝶	*Papilio maackii*			
1610	金凤蝶	*Papilio machaon*			图版 37
1611	美姝凤蝶	*Papilio macilentus*			
1612	美凤蝶	*Papilio memnon*			图版 37
1613	宽带凤蝶	*Papilio nephelus*			图版 37
1614	宽带凤蝶东部亚种	*Papilio nephelus rileyi*			
1615	巴黎翠凤蝶	*Papilio paris*			图版 37
1616	巴黎翠凤蝶指名亚种	*Papilio paris paris*			
1617	玉带凤蝶	*Papilio polytes*			图版 37
1618	蓝凤蝶	*Papilio protenor*			图版 38
1619	长尾金凤蝶	*Papilio verityi*			
1620	柑橘凤蝶	*Papilio xuthus*			
1621	柑橘凤蝶指名亚种	*Papilio xuthus xuthus*			
1622	客纹凤蝶	*Paranticopsis xenocles*			
1623	绿凤蝶	*Pathysa antiphates*			图版 38
1624	绿凤蝶海南亚种	*Pathysa antiphates pompilius*			
1625	红绶绿凤蝶云南亚种	*Pathysa nomius swinhoei*			
1626	金裳凤蝶	*Troides aeacus*			
1627	裳凤蝶	*Troides helena*		√	图版 36
1628	裳凤蝶污斑亚种	*Troides helena spilotius*			
	粉蝶科	**Pieridae**			
1629	白翅尖粉蝶	*Appias albina*			
1630	灵奇尖粉蝶	*Appias lyncida*			图版 38
1631	灵奇尖粉蝶海南亚种	*Appias lyncida eleonora*			
1632	红翅尖粉蝶广西亚种	*Appias nero galba*			
1633	迁粉蝶	*Catopsilia pomona*			图版 38
1634	梨花迁粉蝶	*Catopsilia pyranthe*			图版 38

（续）

序号	目、科、种	目、科、种学名	云南新纪录种	珍稀濒危物种	图版
1635	梨花迁粉蝶指名亚种	*Catopsilia pyranthe pyranthe*			
1636	青园粉蝶	*Cepora nadina*			图版 38
1637	青园粉蝶指名亚种	*Cepora nadina nadina*			
1638	黑脉园粉蝶海南亚种	*Cepora nerisas coronis*			
1639	橙黄粉蝶	*Colias electo*			
1640	斑缘豆粉蝶中华亚种	*Colias erate sinensis*			
1641	橙黄豆粉蝶	*Colias fieldii*			
1642	黎明豆粉蝶	*Colias heos*			
1643	隐条斑粉蝶	*Delia ssubnubila*			
1644	红腋斑粉蝶	*Delias acalis*			
1645	阿格斑粉蝶指名亚种	*Delias aglaia aglaia*			
1646	奥古斑粉蝶	*Delias agostina*			
1647	艳妇斑粉蝶	*Delias belladonna*			
1648	优越斑粉蝶	*Delias hyparete*			图版 38
1649	优越斑粉蝶印度亚种	*Delias hyparete indica*			
1650	侧条斑粉蝶	*Delias lativitta*			
1651	报喜斑粉蝶	*Delias pasithoe*			图版 38
1652	黑角方粉蝶	*Dercas lycorias*			
1653	檀方粉蝶	*Dercas verhuelli*			
1654	矩翅粉蝶多布德亚种	*Dercas verhuelli doubledayi*			
1655	安迪黄粉蝶	*Eurema andersoni*			
1656	檗黄粉蝶	*Eurema blanda*			
1657	无标黄粉蝶	*Eurema brigitta*			
1658	宽边黄粉蝶	*Eurema hecabe*			图版 38
1659	尖角黄粉蝶	*Eurema laeta*			
1660	幺妹黄粉蝶	*Eurems ada*			
1661	玕黄粉蝶	*Gandaca harinamanabu*			
1662	圆翅钩粉蝶	*Gonepteryx amintha*			
1663	尖钩粉蝶	*Gonepteryx mahaguru*			
1664	角翅粉蝶	*Gonepteryx rhamni*			
1665	鹤顶粉蝶	*Hebomoia glaucippe*			
1666	鹤顶粉蝶指名亚种	*Hebomoia glaucippe glaucippe*			
1667	橙粉蝶	*Ixias pyrene*			图版 39

（续）

序号	目、科、种	目、科、种学名	云南新纪录种	珍稀濒危物种	图版
1668	阿凡达青粉蝶	*Pareronia avatar*			
1669	欧洲粉蝶尼泊尔亚种	*Pieris brassicae neplensis*			
1670	东方菜粉蝶	*Pieris canidia*			图版 39
1671	东方菜粉蝶指名亚种	*Pieris canidia canidia*			
1672	黑纹粉蝶	*Pieris melete*			
1673	菜粉蝶	*Pieris rapae*			图版 39
1674	菜粉蝶东方亚种	*Pieris rapae orientalis*			
1675	云粉蝶	*Pontia edusa*			
1676	红肩锯粉蝶	*Prioneris clemanthe*			图版 39
1677	锯粉蝶	*Prioneris thestylis*		NT	图版 39
1678	飞龙粉蝶	*Talbotia nagana*			
1679	那迦粉蝶软亚种	*Talbotia naganum cisseis*			
	斑蝶科	**Danaidae**			
1680	金斑蝶	*Danaus chrysippus*			图版 39
1681	虎斑蝶	*Danaus genutia*			图版 39
1682	幻紫斑蝶	*Euploea core*			图版 39
1683	幻紫斑蝶云南亚种	*Euploea core godartii*			
1684	黑紫斑蝶	*Euploea eunice*			图版 39
1685	异型紫斑蝶	*Euploea mulciber*			图版 40
1686	绢斑蝶	*Parantica aglea*			图版 40
1687	黑绢斑蝶	*Parantica melanea*			图版 40
1688	大绢斑蝶	*Parantica sita*			图版 40
1689	细纹青斑蝶	*Tirumala hamata*			
1690	青斑蝶	*Tirumala limniace*			图版 40
1691	啬青斑蝶	*Tirumala septentrionis*			图版 40
	环蝶科	**Amathusiidae**			
1692	印北林环蝶屏边亚种	*Aemona amathusia pingpiensis*			
1693	凤眼方环蝶	*Discophora sondaica*			
1694	凤眼方环蝶华南亚种	*Discophora sondaica tulliana*			
1695	惊恐方环蝶	*Discophora timora*			
1696	蓝带矩环蝶	*Enispe cycnus*			
1697	灰翅串珠环蝶	*Faunis aeropeaerope*			
1698	箭环蝶	*Stichophthalma howqua*			

（续）

序号	目、科、种	目、科、种学名	云南新纪录种	珍稀濒危物种	图版
1699	白袖箭环蝶	*Stichophthalma louisa*		NT	图版 40
1700	紫斑环蝶	*Thaumantis diores*			
1701	月纹矩环蝶	*Thaumantis lunatum*			
	眼蝶科	**Satyridae**			
1702	多斑艳眼蝶	*Callerebia polyphemus*			
1703	大艳眼蝶	*Callerebia suroia*			
1704	闪紫锯眼蝶	*Elymnias malelas*		NT	图版 40
1705	黛眼蝶	*Letha dura*			
1706	曲纹黛眼蝶	*Lethe chandica*			
1707	白带黛眼蝶	*Lethe confusa*			图版 40
1708	长纹黛眼蝶	*Lethe europa*			
1709	深山黛眼蝶	*Lethe insana*			
1710	甘萨黛眼蝶	*Lethe kansa*			图版 41
1711	三楔黛眼蝶	*Lethe mekara*			
1712	波纹黛眼蝶	*Lethe rohria*			图版 41
1713	西峒黛眼蝶	*Lethe sidonis*			
1714	尖尾黛眼蝶	*Lethe sinorix*			
1715	连纹黛眼蝶	*Lethe syrcis*			
1716	玉带黛眼蝶	*Lethe verma*			图版 41
1717	文娣黛眼蝶	*Lethe windhya*			图版 41
1718	（稻）暮眼蝶	*Melanitis leda*			图版 41
1719	睇暮眼蝶	*Melanitis phedima*			图版 41
1720	黑暮眼蝶	*Melanitis phedima*			
1721	拟稻眉眼蝶	*Mycalesis francisca*			
1722	稻眉眼蝶	*Mycalesis gotama*			
1723	大理石眉眼蝶	*Mycalesis mamerta*			
1724	黄带眉眼蝶	*Mycalesis mamerta*			
1725	小眉眼蝶	*Mycalesis mineus*			图版 41
1726	裴斯眉眼蝶	*Mycalesis perseus*			
1727	僧袈眉眼蝶	*Mycalesis sangaica*			图版 41
1728	锡金眉眼蝶	*Mycalesis visala*			
1729	密纱眉眼蝶	*Mycalesis misenus*			
1730	田园荫眼蝶	*Neope agrestis*			

（续）

序号	目、科、种	目、科、种学名	云南新纪录种	珍稀濒危物种	图版
1731	链眼蝶	*Neope goschkeuitschii*			
1732	蒙链荫眼蝶	*Neope muirheadi*			图版 41
1733	凤眼蝶	*Neorina patria*			
1734	黄斑荫眼蝶	*Nepoe pulaha*			
1735	岳眼蝶	*Orinoma damaris*			
1736	奥眼蝶	*Orsotriaena medus*			
1737	双斑银线眼蝶	*Sinchula sidonis*			
1738	矍眼蝶	*Ypthima balda*			
1739	鹭矍眼蝶	*Ypthima ciris*			
1740	幽矍眼蝶	*Ypthima conjuncta*			
1741	重光矍眼蝶	*Ypthima dromon*			
1742	拟四眼矍眼蝶	*Ypthima imitans*			
1743	狭翅鄰眼蝶	*Ypthima lycus*			
1744	魔女矍眼蝶	*Ypthima medusa*			
1745	东亚矍眼蝶	*Ypthima motschulskyi*			
1746	小矍眼蝶	*Ypthima nareda*			
1747	融斑矍眼蝶	*Ypthima nikaea*			
1748	完璧矍眼蝶	*Ypthima perfecta*			
1749	连斑瞿眼蝶	*Ypthima sakra*			
1750	直带鄰蝶	*Ypthima savara*			
1751	相似矍眼蝶	*Ypthima similia*			
1752	黑矍眼蝶	*Ypthima tabella*			
1753	卓矍眼蝶	*Ypthima zodia*			
	蛱蝶科	**Nymphalidae**			
1754	寻麻蛱蝶	*Aglais urticae*			
1755	斐豹蛱蝶	*Argyreus hyperbius*			图版 42
1756	波蛱蝶	*Ariadne ariadne*			图版 42
1757	细纹波蛱蝶	*Ariadne merione*			
1758	珠履带蛱蝶	*Athyma asura*			图版 42
1759	双色带蛱蝶	*Athyma cama*			
1760	相思带蛱蝶	*Athyma nefte*			图版 42
1761	虬眉带蛱蝶	*Athyma opalina*			
1762	玄珠带蛱蝶	*Athyma perius*			图版 42

（续）

序号	目、科、种	目、科、种学名	云南新纪录种	珍稀濒危物种	图版
1763	新月带蛱蝶	*Athyma selenophora*			
1764	绢蛱蝶	*Calinaga buddha*			
1765	红锯蛱蝶	*Cethosia biblis*			图版 42
1766	白带锯蛱蝶	*Cethosia cyane*			图版 42
1767	白带螯蛱蝶	*Charaxes bernardus*			
1768	银豹蛱蝶	*Childrena chidreni*			
1769	幸运辘蛱蝶	*Cirrochroa tyche*			
1770	幸运辘蛱蝶云南亚种	*Cirrochroa tyche mithila*			
1771	黄襟蛱蝶	*Cupha erymanthis*			图版 42
1772	八目丝蛱蝶	*Cyrestis cocles*			
1773	八目丝蛱蝶指名亚种	*Cyrestis cocles cocles*			
1774	黑缘丝纹蛱蝶	*Cyrestis periander vatinia*			
1775	网丝蛱蝶	*Cyrestis thyodamas*			图版 42
1776	绿蛱蝶	*Dophla evelina*			图版 43
1777	芒蛱蝶	*Euripus nyctelius*			
1778	暗斑翠蛱蝶	*Euthalia monina*			图版 43
1779	矛翠蛱蝶	*Euthalia aconthea*			图版 43
1780	珐琅翠蛱蝶	*Euthalia franciae*			
1781	褐蓓翠蛱蝶	*Euthalia hebe*			
1782	白裙翠蛱蝶	*Euthalia lepidea*			图版 43
1783	红斑翠蛱蝶印度亚种	*Euthalia lubentina indica*			
1784	绿裙边翠蛱蝶	*Euthalia niepelti*			
1785	尖翅翠蛱蝶	*Euthalia phemius*			图版 43
1786	暗边翠蛱蝶	*Euthalia telchinia*			
1787	黑脉蛱蝶	*Hestina assimilis*			图版 43
1788	蒺藜纹脉蛱蝶	*Hestina nama*			图版 43
1789	幻紫斑蛱蝶	*Hypolimnas bolina*			图版 43
1790	金斑蛱蝶	*Hypolimnas misippus*			
1791	美眼蛱蝶	*Junonia almana*			图版 43
1792	美眼蛱蝶指名亚种	*Junonia almana almana*			
1793	波纹眼蛱蝶	*Junonia atlites*			图版 44
1794	黄裳眼蛱蝶	*Junonia hierta*			图版 44
1795	钩翅眼蛱蝶	*Junonia iphita*			图版 44

（续）

序号	目、科、种	目、科、种学名	云南新纪录种	珍稀濒危物种	图版
1796	蛇眼蛱蝶	*Junonia lemonias*			图版 44
1797	翠蓝眼蛱蝶	*Junonia orithya*			图版 44
1798	枯叶蛱蝶	*Kallima inachus*			图版 44
1799	琉璃蛱蝶	*Kaniska canace*			
1800	桂花蛱蝶	*Kironga ranga*			
1801	蓝豹律蛱蝶	*Lexias cyanipardus*			图版 44
1802	辛德狼蛱蝶	*Melitaea sindura*			
1803	圆翅狼蛱蝶	*Melitaea yuenty*			
1804	穆蛱蝶	*Moduza procris*			图版 44
1805	如重环蛱蝶	*Neptis alwina*			
1806	阿环蛱蝶	*Neptis ananta*			
1807	卡环蛱蝶	*Neptis cartica*			
1808	珂环蛱蝶	*Neptis clinia*			
1809	德环蛱蝶	*Neptis dejeani*			
1810	中环蛱蝶	*Neptis hylas*			图版 44
1811	弥环蛱蝶	*Neptis miah*			图版 45
1812	基环蛱蝶	*Neptis nashona*			
1813	娜环蛱蝶	*Neptis nata*			图版 45
1814	紫环蛱蝶	*Neptis radha*			
1815	小环蛱蝶	*Neptis sappho*			图版 45
1816	中华卡环蛱蝶	*Neptis sinocartica*	*		图版 45
1817	娑环蛱蝶	*Neptis soma*			
1818	耶环蛱蝶	*Neptis yerburii*			
1819	金蟠蛱蝶	*Pantoporia hordonia*			
1820	山蟠蛱蝶	*Pantoporia sandaka*			
1821	丫纹俳蛱蝶	*Parasarpa dudu*			
1822	彩衣俳蛱蝶	*Parasarpa hourberti*			
1823	苎麻黄蛱蝶	*Pareba vesta*			
1824	丽蛱蝶	*Parthenos sylvia*			图版 45
1825	奥绮珐蛱蝶	*Phalanta alcippe*			
1826	珐蛱蝶	*Phalanta phalantha*			图版 45
1827	黄钩蛱蝶	*Polygonia caureum*			
1828	凤尾蛱蝶	*Polyura arja*			

（续）

序号	目、科、种	目、科、种学名	云南新纪录种	珍稀濒危物种	图版
1829	窄斑凤尾蛱蝶	*Polyura athamas*			
1830	大二尾蛱蝶	*Polyura eudamippus*			
1831	二尾蛱蝶	*Polyura narcaea*			
1832	秀蛱蝶	*Pseudergolis wedah*			
1833	罗蛱蝶	*Rohana parisatis*			
1834	素饰蛱蝶	*Stibochiona nicea*			
1835	肃蛱蝶	*Sumalia daraxa*			图版 45
1836	金带蛱蝶	*Symbrenthia hippoclus*			
1837	花豹盛蛱蝶	*Symbrenthia hypselis*			
1838	散纹盛蛱蝶	*Symbrenthia lilaea*			
1839	单带蛱蝶	*Tacoraea selenophora*			
1840	无叉蛱蝶	*Tacoraea zeroca*			
1841	彩蛱蝶	*Vagrans egista*			图版 45
1842	小红蛱蝶	*Vanessa cardui*			图版 45
1843	大红蛱蝶	*Vanessa indica*			
1844	文蛱蝶	*Vindula erota*			图版 46
	珍蝶科	**Acraeidae**			
1845	苎麻珍蝶	*Acraea issoria*			图版 46
	喙蝶科	**Libytheidae**			
1846	朴喙蝶	*Libythea celtis*			
1847	棒纹喙蝶	*Libythea myrrha*			图版 46
1848	棒纹喙蝶血斑亚种	*Libythea myrrha sanguinalis*			
	蚬蝶科	**Riodinidae**			
1849	方裙褐蚬蝶	*Abisara freda*			
1850	黄带褐蚬蝶	*Abisara fylla*			
1851	白带褐蚬蝶	*Abisara fylloides*			
1852	长尾褐蚬蝶	*Abisara neophron*			
1853	红秃尾蚬蝶	*Dodona adonira*		NT	
1854	大斑尾蚬蝶	*Dodona egeon*			图版 46
1855	银纹尾蚬蝶彩斑亚种	*Dodona eugenes maculosa*			
1856	斜带缺尾蚬蝶	*Dodona ouida*			
1857	波蚬蝶	*Zemeros flegyas*			
	灰蝶科	**Lycaenidae**			

（续）

序号	目、科、种	目、科、种学名	云南新纪录种	珍稀濒危物种	图版
1858	钮灰蝶	*Acytolepis puspa*			
1859	尖角灰蝶	*Anthene emolus*			
1860	雾驳灰蝶	*Bothrinia nebulosa*			
1861	曲纹拓灰蝶	*Caleta roxus*			
1862	哈沙枣灰蝶	*Castalius caleta*			
1863	白域枣灰蝶	*Castalius roxus*			
1864	蓝咖灰蝶	*Catochrysops panormus*			
1865	咖灰蝶	*Catochrysops strabo*			
1866	欢乐琉璃灰蝶	*Celastrina carna*			
1867	浮儿琉璃灰蝶	*Celastrina huegelii*			
1868	熏衣琉璃灰蝶	*Celastrina lavendularis*			
1869	马利琉璃灰蝶	*Celastrina limbata*			
1870	沉思琉璃灰蝶	*Celastrina musina*			
1871	大紫琉璃灰蝶	*Celastrina oreas*			
1872	青琉璃灰蝶	*Celastrina puspa*			
1873	蒲灰蝶	*Chliaria kina*			
1874	尖翅银灰蝶	*Curetis acuta*			
1875	银灰蝶	*Curetis bulis*			
1876	长尾蓝灰蝶	*Everes lacturnus*			
1877	蓝灰蝶	*Everes argiades*			
1878	中华花灰蝶	*Flos chinensis*			
1879	美男彩灰蝶	*Heliophorus androcles*			
1880	古铜彩灰蝶	*Heliophorus brahma*			
1881	斜斑彩灰蝶	*Heliophorus epicles*			
1882	依彩灰蝶	*Heliophorus eventa*			
1883	浓紫彩灰蝶	*Heliophorus ila*			
1884	烤彩灰蝶	*Heliophorus kohimensis*			
1885	泰紫灰蝶	*Hypolycaena erylus*			
1886	旖灰蝶	*Hypolycaena sp.*			
1887	素雅灰蝶	*Jamides alecto*			
1888	雅灰蝶	*Jamides bochus*			
1889	锡冷雅灰蝶	*Jamides celeno*			
1890	净雅灰蝶	*Jamides pura*			

（续）

序号	目、科、种	目、科、种学名	云南新纪录种	珍稀濒危物种	图版
1891	红边黄灰蝶	*Japonica minerra*			
1892	亮灰蝶	*Lampides boeticus*			
1893	细灰蝶	*Leptotes plinius*			
1894	鹿灰蝶	*Loxura atymnus*			
1895	玛灰蝶	*Mahathala ameria*			
1896	娜灰蝶	*Nacaduba beroe*			
1897	古楼娜灰蝶	*Nacaduba kurava*			
1898	黑灰蝶	*Niphanda fusca*			
1899	白灰蝶	*Phengaris atroguttata*			
1900	阿鲁台波灰蝶	*Prosotas aluta*			
1901	娜拉波灰蝶	*Prosotas nora*			
1902	酥浆灰蝶	*Pseudozizeeria maha*			
1903	红燕灰蝶	*Rapala iarbus*			
1904	东亚燕灰蝶	*Rapala micans*			
1905	霓纱燕灰蝶	*Rapala nissa*			
1906	燕灰蝶	*Rapala varuna*			
1907	银线灰蝶	*Spindasis lohita*			
1908	豆粒银线灰蝶	*Spindasis syama*			图版 46
1909	酥灰蝶壳斗亚种	*Surendra vivarna quercetorum*			
1910	双尾灰蝶	*Tajuria cippus*			图版 46
1911	银豹双尾灰蝶	*Tajuria maculata*			
1912	蚜灰蝶	*Taraka hamada*			
1913	波太玄灰蝶	*Tongeia potanini*			
1914	珍贵妩灰蝶	*Udara dilecta*			
1915	珍灰蝶	*Zeltus amasa*			
1916	吉灰蝶	*Zizeeria karsandra*			
1917	毛眼灰蝶	*Zizina otis*			
	弄蝶科	**Hesperiidae**			
1918	褐斑白弄蝶埃沙亚种	*Abraximorpha davidii esta*			
1919	拟嫁弄蝶河口亚种	*Aeromachus propinquus hokowensis*			
1920	李氏嫁弄蝶	*Aeromachus pseudojhora*			
1921	标锷弄蝶	*Aeromachus stigmatus*			
1922	黄斑弄蝶云南亚种	*Ampittia dioscorides camertes*			

（续）

序号	目、科、种	目、科、种学名	云南新纪录种	珍稀濒危物种	图版
1923	黑色钩弄蝶	*Ancistroides nigrita*			
1924	窄翅弄蝶	*Apostictopterus fuliginosus*			
1925	突须小弄蝶中华亚种	*Arnetta atkinsoni sinensis*			
1926	腌翅弄蝶	*Astictopterus jama*			
1927	尖翅弄蝶	*Badmia exclamationis*			
1928	黄斑伞弄蝶	*Bibasis oedipodea*			
1929	籼弄蝶	*Borbo cinnara*			
1930	台湾籼弄蝶	*Borbo cinnara*			
1931	无斑珂弄蝶	*Caltoris bromus*			
1932	放踵珂弄蝶	*Caltoris cahira*			
1933	刺灰弄蝶屏边亚种	*Capila pieridioides pingpiensis*			
1934	黄斑银弄蝶	*Carterocephalus alcinoides*			
1935	斑星弄蝶	*Celaenorrhinus maculosus*			
1936	绿弄蝶	*Choaspes benjaminii*			
1937	无趾弄蝶	*Hasora anura*			
1938	无斑趾弄蝶	*Hesora danda*			
1939	银针趾弄蝶	*Hesora taminata*			
1940	纬带趾弄蝶	*Hesora vitta*			
1941	红标弄蝶	*Koruthaialos rubecula*			
1942	黄带弄蝶	*Lobocla liliana*			
1943	毛脉弄蝶	*Mooreana trichoneura*			
1944	曲纹袖弄蝶	*Notocrypta curvifascia*			
1945	宽纹袖弄蝶	*Notocrypta feisthamelii*			
1946	角翅弄蝶	*Odontoptilum angulata*			
1947	直纹留弄蝶	*Parnara guttata*			
1948	圆突稻弄蝶	*Parnara apostate*			
1949	幺纹稻弄蝶	*Parnara bada*			
1950	曲纹稻弄蝶	*Parnara ganga*			
1951	直纹稻弄蝶孟加拉亚种	*Parnara guttatus mangala*			
1952	潘徘弄蝶	*Pedesta pandita*			
1953	南亚谷弄蝶	*Pelopidas agna*			
1954	印度谷弄蝶	*Pelopidas assamensis*			
1955	隐纹谷弄蝶	*Pelopidas mathias*			

（续）

序号	目、科、种	目、科、种学名	云南新纪录种	珍稀濒危物种	图版
1956	中华谷弄蝶	*Pelopidas sinensis*			
1957	黄标琵弄蝶	*Pithauria marsena*			
1958	融纹孔弄蝶	*Polytremis discreta*			
1959	台湾孔弄蝶	*Polytremis eltola*			
1960	黄纹孔弄蝶	*Polytremis lubricans*			
1961	孔子黄室弄蝶	*Potanthus confucius*			
1962	曲纹黄室弄蝶	*Potanthus flavus*			
1963	淡色黄室弄蝶	*Potanthus pallidus*			
1964	尖翅黄室弄蝶	*Potanthus palnia*			
1965	休黄斑弄蝶勐腊亚种	*Potanthus rectifasciata menglana*			
1966	断纹黄室弄蝶	*Potanthus trachalus*			
1967	拟籼弄蝶	*Pseudoborbo bevani*			
1968	黄襟弄蝶	*Pseudocoladenia dan*			
1969	烟弄蝶	*Psolos fuligo*			
1970	沾边裙弄蝶	*Tagiades litigiosa*			
1971	黑边裙弄蝶	*Tagiades menaka*			
1972	黑脉长标弄蝶	*Telicota linna*			
1973	黄纹长标弄蝶	*Telicota ohara*			
1974	姜弄蝶	*Udaspes folus*			
	双翅目	**Diptera**			
	大蚊科	**Tipulidae**			
1975	金平尖头大蚊	*Brithura jinpingensis*			
1976	弯钩艾大蚊	*Epiphragma ancistrum*			
1977	河南棘膝大蚊	*Holorusia henana*			
1978	云南次大蚊	*Metalimnobia yunnanica*			
1979	黑环长角大蚊	*Tipula alhena*			
1980	梵净山日大蚊	*Tipula fanjingshana*			
1981	峨眉丽大蚊	*Tipula omeicola*			
1982	翘尾日大蚊	*Tipula phaedina*			
	蚊科	**Culicidae**			
1983	圆斑伊蚊	*Aedas annandalei*			
1984	中华按蚊	*Anopheles sinenis*			
1985	致倦库蚊	*Culex pipiengsquinque fasciatus*			

（续）

序号	目、科、种	目、科、种学名	云南新纪录种	珍稀濒危物种	图版
1986	伪杂鳞库蚊	*Culex pseudovishnui*			
1987	三带喙库蚊	*Culex tritaeniorhynchus*			
	蠓科	**Ceratopogonidae**			
1988	琉球库蠓	*Culicoides actoni*			
1989	白带库蠓	*Culicoides aibifascia*			
1990	荒川库蠓	*Culicoides arakawai*			
1991	环斑库蠓	*Culicoides circumscriptus*			
1992	单带库蠓	*Culicoides fascipennis*			
1993	黄胸库蠓	*Culicoides flavescens*			
1994	原野库蠓	*Culicoides homotomus*			
1995	肩宏库蠓	*Culicoides humeralis*			
1996	标翅库蠓	*Culicoides insignipennis*			
1997	连斑库蠓	*Culicoides jacobsoni*			
1998	长喙库蠓	*Culicoides longirostris*			
1999	北京库蠓	*Culicoides morisitai*			
2000	东方库蠓	*Culicoides orientalis*			
2001	尖喙库蠓	*Culicoides oxystoma*			
2002	趋黄库蠓	*Culicoides paraflavescens*			
2003	刺螯库蠓	*Culicoides punctatus*			
2004	黑带库蠓	*Culicoides tritenuifasciatus*			
	毛蚊科	**Bibionidae**			
2005	叉毛蚊	*Penthetria* sp.			
	鹬虻科	**Rhagionidae**			
2006	金鹬虻	*Chrysopilus* sp.			
2007	鹬虻	*Rhagio* sp.			
	虻科	**Tabanidae**			
2008	三角斑虻	*Chrysops designatus*			
2009	蹄斑斑虻	*Chrysops dispar*			
2010	黄带斑虻	*Chrysops flavocinctus*			
2011	副三角斑虻	*Chrysops paradesignata*			
2012	云南斑虻	*Chrysops yunnanensis*			
2013	广西麻虻	*Haematopota guangxiensis*			
2014	粉角麻虻	*Haematopota pollinantenna*			

（续）

序号	目、科、种	目、科、种学名	云南新纪录种	珍稀濒危物种	图版
2015	曾健麻虻	*Haematopota zengjiani*			
2016	*Hybomitra subcallosa*	*Hybomitra subcallosa*			
2017	柯虻	*Tabanus cordiger*			
2018	红腹虻	*Tabanus crassus*			
2019	异额虻	*Tabanus diversifrons*			
2020	Tabanus exclusus	*Tabanus exclusus*			
2021	棕带虻	*Tabanus fulvicinctus*			
2022	长鞭虻	*Tabanus longibasalis*			
2023	黄赭虻	*Tabanus ochros*			
2024	派微虻	*Tabanus paviei*			
2025	螺胛虻	*Tabanus rhinargus*			
2026	微赤虻	*Tabanus rubidus*			
2027	六带虻	*Tabanus sexcinctus*			
2028	虻属待定种 1	*Tabanus* sp.1			
	木虻科	**Xylomyidae**			
2029	完全粗腿木虻	*Solva completa*			
	水虻科	**Stratiomyoidae**			
2030	黄足华美水虻	*Abrosiomyia flavipes*			
2031	基褐星水虻	*Actina basalis*			
2032	双突星水虻	*Actina bilobata*			
2033	长突星水虻	*Actina elongata*			
2034	张氏星水虻	*Actina zhangae*			
2035	红河距水虻	*Allognosta honghensis*			
2036	金平距水虻	*Allognosta jinpingensis*			
2037	凹缘柱角水虻	*Beris concava*			
2038	指突柱角水虻	*Beris digitata*			
2039	黄连山柱角水虻	*Beris huanglianshana*			
2040	长刺毛面水虻	*Campeprosopa longispina*			图版 46
2041	黑色鞍腹水虻	*Clitellaria nigra*			
2042	白毛长鞭水虻	*Cyphomyia albopilosa*			
2043	中华长鞭水虻	*Cyphomyia chinensis*			
2044	蓝斑优多水虻	*Eudmeta coerulemaculata*			
2045	短芒扁角水虻	*Hermetia branchystyla*			

（续）

序号	目、科、种	目、科、种学名	云南新纪录种	珍稀濒危物种	图版
2046	亮斑扁角水虻	*Hermetia illucens*			图版 46
2047	黄腹小丽水虻	*Microchrysa flaviventris*			
2048	大头鼻水虻	*Nasimyia megacephala*			
2049	黄股黑水虻	*Nigritomyia basiflava*			
2050	若氏亚拟蜂水虻	*Parastratiosphecomyia rozkosnyi*			
2051	金黄指突水虻	*Ptecticus aurifer*			
2052	斯里兰卡指突水虻	*Ptecticus srilankai*			
2053	三色指突水虻	*Ptecticus tricolor*			
2054	狡猾指突水虻	*Ptecticus vulpianus*			
2055	指突水虻属待定种 1	*Ptecticus* sp.1			
2056	黄刺枝角水虻	*Ptilocera flavispina*			
2057	方斑枝角水虻	*Ptilocera quadridentata*			
2058	双斑多毛水虻	*Rosapha bimaculata*			
2059	红斑瘦腹水虻	*Sargus mactans*			
2060	印度带芒水虻	*Tinda indica*			图版 46
	食虫虻科	**Asilidae**			
2061	细腹食虫虻属待定种 1	*Leptogaster* sp.1			
	蜂虻科	**Bombyliidae**			
2062	中华姬蜂虻	*Systropus chinensis*			图版 47
2063	锥状姬蜂虻	*Systropus cylindratus*			
2064	贵州姬蜂虻	*Systropus guizhouensis*			
2065	茅氏姬蜂虻	*Systropus maoi*	*		图版 47
2066	姬蜂虻属待定种 1	*Systropus* sp.1			
	舞虻科	**Empididae**			
2067	鬃螳舞虻	*Chelipoda* sp.			
2068	屏边驼舞虻	*Hybos pingbianensis*			
2069	西双版纳驼舞虻	*Hybos xishuangbannaensis*			
	长足虻科	**Dolichopodidae**			
2070	雅长足虻属待定种 1	*Amblypsilopus* sp.1			
2071	后鬃准白长足虻	*Aphalacrosoma postiseta*			
2072	黑毛银长足虻	*Argyra nigripilosa*			
2073	曲脉银长足虻	*Argyra pseudosuperba*			
2074	云南曲胫长足虻	*Campsicnemus yunnanensis*			

（续）

序号	目、科、种	目、科、种学名	云南新纪录种	珍稀濒危物种	图版
2075	凹突短跗长足虻	*Chaetogonopteron concavum*			
2076	大围山短跗长足虻	*Chaetogonopteron daweishanum*			
2077	长角短跗长足虻	*Chaetogonopteron longum*			
2078	黄斑短跗长足虻	*Chaetogonopteron luteicinctum*			
2079	白毛短跗长足虻	*Chaetogonopteron pallipilosum*			
2080	腹毛短跗长足虻	*Chaetogonopteron ventrale*			
2081	大理金长足虻	*Chrysosoma dalianum*			
2082	金平金长足虻	*Chrysosoma jingpinganum*			
2083	绿春金长足虻	*Chrysosoma luchunanum*			
2084	细齿金长足虻	*Chrysosoma serratum*			
2085	云南金长足虻	*Chrysosoma yunnanense*			
2086	双刺黄鬓长足虻	*Chrysotimus bispinus*			
2087	屏边黄鬓长足虻	*Chrysotimus pingbianus*			
2088	指突毛瘤长足虻	*Condylostylus digitiformis*			
2089	黄基毛瘤长足虻	*Condylostylus luteicoxa*			
2090	黑端异长足虻	*Diaphorus apiciniger*			
2091	金平异长足虻	*Diaphorus jingpingensis*			
2092	勐仑异长足虻	*Diaphorus menglunanus*			
2093	黑色异长足虻	*Diaphorus nigricans*			
2094	群飞异长足虻	*Diaphorus salticus*			
2095	粗鬃行脉长足虻	*Gymnopternus crassisetosus*			
2096	大行脉长足虻	*Gymnopternus grandis*			
2097	广西行脉长足虻	*Gymnopternus guangxiensis*			
2098	宽端行脉长足虻	*Gymnopternus latapicalis*			
2099	梅花铺行脉长足虻	*Gymnopternus meihuapuensis*			
2100	黑角行脉长足虻	*Gymnopternus niger*			
2101	屏边行脉长足虻	*Gymnopternus pingbianensis*			
2102	百山祖寡长足虻	*Hercostomus baishanzuensis*			
2103	双钩寡长足虻	*Hercostomus biancistrus*			
2104	异色寡长足虻	*Hercostomus bicolor*			
2105	短刺寡长足虻	*Hercostomus brevispinus*			
2106	大围山寡长足虻	*Hercostomus daweishanus*			
2107	指突寡长足虻	*Hercostomus digitatus*			

（续）

序号	目、科、种	目、科、种学名	云南新纪录种	珍稀濒危物种	图版
2108	黑背寡长足虻	*Hercostomus dorsiniger*			
2109	丝须寡长足虻	*Hercostomus filiformis*			
2110	黄缘寡长足虻	*Hercostomus flavimarginatus*			
2111	金平寡长足虻	*Hercostomus jingpingensis*			
2112	宽叶寡长足虻	*Hercostomus latilobatus*			
2113	长突寡长足虻	*Hercostomus longilobatus*			
2114	长刺寡长足虻	*Hercostomus longispinus*			
2115	绿春寡长足虻	*Hercostomus luchunensis*			
2116	毛须寡长足虻	*Hercostomus pilicercus*			
2117	四鬃寡长足虻	*Hercostomus quadriseta*			
2118	孤毛寡长足虻	*Hercostomus singularis*			
2119	毛联长足虻	*Liancalus lasius*			
2120	粗跗距长足虻	*Nepalomyia crassata*			
2121	大围山跗距长足虻	*Nepalomyia daweishana*			
2122	齿突跗距长足虻	*Nepalomyia dentata*			
2123	黄角跗距长足虻	*Nepalomyia flava*			
2124	叉突跗距长足虻	*Nepalomyia furcata*			
2125	黄侧跗距长足虻	*Nepalomyia luteipleurata*			
2126	屏边跗距长足虻	*Nepalomyia pingbiana*			
2127	黄胸基刺长足虻	*Plagiozopelma flavipodex*			
2128	绿春基刺长足虻	*Plagiozopelma luchunanum*			
2129	西双版纳基刺长足虻	*Plagiozopelma xishuangbannanum*			
2130	基刺长足虻	*Plagiozopelma* sp.			
2131	四川锥长足虻	*Rhaphium sichuanense*			
2132	云龙华丽长足虻	*Sinosciapus yunlonganus*			
2133	双刺嵌长足虻	*Syntormon dukha*			
2134	绿春嵌长足虻	*Syntormon luchunense*			
2135	云南脉胝长足虻	*Teuchophorus yunnanensis*			
	头蝇科	**Pipunculidae**			
2136	佗头蝇属待定种 1	*Tomosvaryella* sp.1			
	食蚜蝇科	**Syrphidae**			
2137	爪哇异食蚜蝇	*Allograpta javana*			图版 47
2138	黑胫异食蚜蝇	*Allograpta nigritibia*			

（续）

序号	目、科、种	目、科、种学名	云南新纪录种	珍稀濒危物种	图版
2139	切黑狭口食蚜蝇	*Asarkina ericetorum*			图版 47
2140	东方狭口食蚜蝇	*Asarkina orientalis*			
2141	黄腹狭口食蚜蝇	*Asarkina porcina*			
2142	狭带贝食蚜蝇	*Betasyrphus serarius*			
2143	棕腹长角蚜蝇	*Chrysotoxum baphrus*			图版 47
2144	卵腹直脉食蚜蝇	*Dideoides ovatus*			
2145	斑翅食蚜蝇	*Dideopsis aegrotus*			
2146	离缘垂边食蚜蝇	*Epistrophe grossulariae*	*		图版 47
2147	黑带食蚜蝇	*Episyrphus balteatus*			
2148	棕腿斑眼蚜蝇	*Eristalinus arvorum*			
2149	黑股斑眼蚜蝇	*Eristalinus paria*			图版 47
2150	亮黑斑眼蚜蝇	*Eristalinus tarsalis*			图版 47
2151	灰带管蚜蝇	*Eristalis cerealis*			图版 48
2152	长尾管蚜蝇	*Eristalis tenax*			
2153	黄边平颜蚜蝇	*Eumerus figurans*			图版 47
2154	宽带优食蚜蝇	*Eupeodes confrater*			
2155	黑足缺伪蚜蝇	*Graptomyza nigripes*			
2156	短刺刺腿食蚜蝇	*Ischiodon scutellaris*			
2157	东方墨蚜蝇	*Melanostoma orientale*			图版 48
2158	梯斑墨蚜蝇	*Melanostoma scalare*			
2159	直颜墨蚜蝇	*Melanostoma univitatum*			图版 48
2160	黄带狭腹食蚜蝇	*Meliscaeva cinctella*			
2161	斑腹粉颜蚜蝇	*Mesembrius bengalensis*			图版 48
2162	黄带迷蚜蝇	*Milesia cretosa*			
2163	细小柄角蚜蝇	*Monoceromyia fenestrata*			
2164	锯盾小蚜蝇	*Paragus crenulatus*			图版 48
2165	刻点小蚜蝇	*Paragus tibialis*			图版 48
2166	裸芒宽盾蚜蝇	*Phytomia errans*			图版 48
2167	羽芒宽盾蚜蝇	*Phytomia zonata*			图版 48
2168	四斑鼻颜蚜蝇	*Rhingia binotata*			
2169	宽带细腹食蚜蝇	*Sphaerophoria macrogaster*			
2170	短翅细腹食蚜蝇	*Sphaerophoria scripta*			
2171	绿色细腹食蚜蝇	*Sphaerophoria viridaenea*			

（续）

序号	目、科、种	目、科、种学名	云南新纪录种	珍稀濒危物种	图版
2172	东方棒腹蚜蝇	*Sphegina orientalis*			
2173	大足棒巴蚜蝇	*Spheginobaccha macropoda*			图版 49
2174	蜂腰角蚜蝇	*Sphiximorpha polista*			
2175	东方粗股蚜蝇	*Syritta orientalis*	*		图版 48
2176	黄金斑食蚜蝇	*Syrphus fulvifacies*			
2177	褐线黄斑蚜蝇	*Xanthogramma coreanum*			
	缟蝇科	**Lauxaniidae**			
2178	白颜隆额缟蝇	*Cestrotus albifacies*			
2179	异翅隆额缟蝇	*Cestrotus heteropterus*			
2180	刘氏隆额缟蝇	*Cestrotus liui*			
2181	内弯异缟蝇	*Dioides incurvatus*			
2182	微突异缟蝇	*Dioides minutus*			
2183	贝氏同脉缟蝇	*Homoneura beckeri*			
2184	灰翅同脉缟蝇	*Homoneura canuta*			
2185	大理同脉缟蝇	*Homoneura daliensis*			
2186	花蕾同脉缟蝇	*Homoneura gemmiformis*			
2187	无斑同脉缟蝇	*Homoneura immaculata*			
2188	阔背同脉缟蝇	*Homoneura latissima*			
2189	长腹突同脉缟蝇	*Homoneura longiprocessa*			
2190	潞江坝同脉缟蝇	*Homoneura lujiangensis*			
2191	南溪同脉缟蝇	*Homoneura nanxiensis*			
2192	羽毛同脉缟蝇	*Homoneura plumata*			
2193	黄棒同脉缟蝇	*Homoneura unicoloris*			
2194	王氏同脉缟蝇	*Homoneura wangi*			
2195	丫口同脉缟蝇	*Homoneura yakouensis*			
2196	张氏同脉缟蝇	*Homoneura zhangae*			
2197	翻骨亮缟蝇	*Lauxania valga*			
2198	绿春颊鬃缟蝇	*Luzonomyza lvchunensis*			
2199	厚近黑缟蝇	*Minettia crassulata*			
2200	棕带瘤黑缟蝇	*Minettia fuscofasciata*			
2201	中棒近黑缟蝇	*Minettia mediclavata*			
2202	峨眉近黑缟蝇	*Minettia omei*			
2203	前突近黑缟蝇	*Minettia processa*			

（续）

序号	目、科、种	目、科、种学名	云南新纪录种	珍稀濒危物种	图版
2204	黑缟蝇	*Minettia* sp.			
2205	金平辐斑缟蝇	*Noeetomima jinpingensis*			
2206	云南辐斑缟蝇	*Noeetomima yunnanensis*			
2207	张氏辐斑缟蝇	*Noeetomima zhangae*			
2208	十纹长角缟蝇	*Pachycerina decemlineata*			
2209	爪哇长角缟蝇	*Pachycerina flaviventris*			
2210	吉安氏凹额缟蝇	*Prosopophorella yoshiyasui*			
2211	黄腹曲脉缟蝇	*Steganopsis fasciventris*			
2212	姚氏三突缟蝇	*Trigonometopsis yaoi*			
2213	金平斑缟蝇	*Trypetisoma jinpingensis*			
	蝇科	**Muscidae**			
2214	齿股蝇	*Hydrotaea* sp.			
2215	天目溜蝇	*Lispe quaerens*			
2216	逐畜家蝇	*Musca conducens*			
2217	台湾家蝇	*Musca formosana*			
2218	明翅翠蝇	*Neomyia claripennis*			
2219	黑斑翠蝇	*Neomyia lauta*			
2220	云南翠蝇	*Neomyia yunnanensis*			
2221	厩螫蝇	*Stomoxys calcitrans*			
	丽蝇科	**Calliphoridae**			
2222	绯颜裸金蝇	*Achoetandrus rufifacies*			
2223	巨尾阿丽蝇	*Aldrichina grahami*			
2224	变色孟蝇	*Bengalia varicolor*			
2225	铜绿鼻蝇	*Chlororhinia exempta*			
2226	蛆症金蝇	*Chrysomya bezziana*			
2227	大头金蝇	*Chrysomya megacephala*			
2228	肥躯金蝇	*Chrysomya pinguis*			
2229	双色彩蝇	*Cosmina bicolor*			
2230	瘦叶带绿蝇	*Hemipyrellia ligurriens*			
2231	瘦突巨尾蝇	*Hypopygiopsis infumata*			
2232	华依蝇	*Idiella mandarina*			
2233	铜绿等彩蝇	*Isomyia cupreoviridis*			
2234	斑翅等彩蝇	*Isomyia nebulosa*			

（续）

序号	目、科、种	目、科、种学名	云南新纪录种	珍稀濒危物种	图版
2235	牯岭等彩蝇	*Isomyia oestracea*			
2236	箭尾等彩蝇	*Isomyia sagittalis*			
2237	南岭丽蝇	*Lucilia bizini*			
2238	铜绿蝇	*Lucilia cuprina*			
2239	喜马拟金彩蝇	*Metalliopsis setosa*			
2240	原丽蝇	*Protocalliphora* sp.			
2241	鼻蝇	*Rhinia* sp.			
2242	华南闪迷蝇	*Silbomyia hoeneana*			
2243	异色口鼻蝇	*Stomorhina discolor*			
2244	月纹口鼻蝇	*Stomorhina lunata*			
2245	不显口鼻蝇	*Stomorhina obsoleta*			
	寄蝇科	**Tachinidae**			
2246	拉特睫寄蝇	*Blepharella lateralis*			
2247	巨体饰腹寄蝇	*Blepharipa fusiformis*			
2248	万氏饰腹寄蝇	*Blepharipa wainwrighti*			
2249	松毛虫狭颊寄蝇	*Carcelia rasella*			
2250	大形鬃堤寄蝇	*Chetogena grandis*			
2251	宽颜缺须寄蝇	*Cuphocera kuanyan*			
2252	粘虫缺须寄蝇	*Cuphocera varia*			
2253	黄长足寄蝇	*Dexia flavida*			
2254	笨长足寄蝇	*Dexia vacua*			
2255	银颜赘寄蝇	*Drino argenticeps*			
2256	狭颜赘寄蝇	*Drino facialis*			
2257	软毛斑赘寄蝇	*Drino unisetosa*			
2258	棕肛追寄蝇	*Exorista fuscipennis*			
2259	比贺寄蝇	*Hermya beelzebul*			
2260	黑贺寄蝇	*Hermya nigra*			
2261	舞短须寄蝇	*Linnaemya vulpina*			
2262	棒须花丽寄蝇	*Mikia aureocephala*			
2263	棘须华丽寄蝇	*Mikia patellipalpis*			
2264	松毛虫华丽寄蝇	*Mikia tepens*			
2265	萨毛瓣寄蝇	*Nemoraea sapporensis*			
2266	巨型毛瓣寄蝇	*Nemoraea titan*			

（续）

序号	目、科、种	目、科、种学名	云南新纪录种	珍稀濒危物种	图版
2267	长角栉寄蝇	*Pales longicernis*			
2268	粗端鬃茸毛寄蝇	*Servillia apicalis*			
2269	扁肛茸毛寄蝇	*Servillia planiforceps*			
2270	什塔茸毛寄蝇	*Servillia stackelbergi*			
2271	火红寄蝇	*Tachina ardens*			
2272	洛灯寄蝇	*Tachina rohdendorfiana*			
2273	金粉柔寄蝇	*Thelaira chrysopruinosa*			
2274	巨形柔寄蝇	*Thelaira macropus*			
2275	暗黑柔寄蝇	*Thelaira nigripes*			
2276	亮胸刺须寄蝇	*Torocca munda*			
2277	印度三色寄蝇	*Trixomorpha indica*			
	突眼蝇科	**Diopsidae**			
2278	平曲突眼蝇	*Cyrtodiopsis plauto*			图版 49
2279	中国突眼蝇	*Diopsis chinica*			
2280	陈氏泰突眼蝇	*Teleopsis cheni*			图版 49
2281	云南泰突眼蝇	*Teleopsis yunnana*			
	鼓翅蝇科	**Sepsidae**			
2282	异鼓翅蝇	*Allospesis* sp.			
2283	二叉鼓翅蝇	*Dicranosepsis* sp.			
2284	箭叶鼓翅蝇	*Toxopoda* sp.			
	实蝇科	**Tephritidae**			
2285	桔小实蝇	*Bactrocera dorsalis*			图版 49
2286	黑膝实蝇	*Bactrocera scutellaris*			图版 49
2287	南瓜实蝇	*Bactrocera tau*			图版 49
2288	绕实蝇属待定种 1	*Rhagoletis* sp.1			
2289	乌罗实蝇	*Urophora* sp.			
	膜翅目	**Hymenoptera**			
	树蜂科	**Siricidae**			
2290	缘齿扁角树蜂	*Tremex serraticostatus*			
	旗腹蜂科	**Evaniidae**			
2291	广旗腹蜂	*Evania appendigaster*			图版 49
2292	唐氏旗腹蜂	*Evania tangi*			
	姬蜂科	**Ichneumonidae**			

（续）

序号	目、科、种	目、科、种学名	云南新纪录种	珍稀濒危物种	图版
2293	黑侧沟姬蜂	*Casinaria nigripes*			
2294	刺蛾紫姬蜂	*Chlorocryptus purpuratus*			
2295	黄足黑瘤姬蜂	*Coccygomimus flaipes*			
2296	松毛虫异足姬蜂	*Heteropelma amictum*			
2297	黄色曼姬蜂	*Mansa fulvipennis*			图版 49
2298	斑翅马尾姬蜂骄亚种	*Megarhyssa praecellens superbiens*			
2299	甘蓝夜蛾拟瘦姬蜂	*Netelia ocellaris*			
2300	夜蛾瘦姬蜂	*Ophion luteus*			
2301	瘤姬蜂属待定种 1	*Pimpla* sp.1			
2302	红斑棘领姬蜂	*Therion rufomaculatum*			
2303	乐黑点瘤姬蜂	*Xanthopimpla naenia*			图版 49
2304	松毛虫黑点瘤姬蜂	*Xanthopimpla pedator*			
2305	广黑点瘤姬蜂	*Xanthopimpla punctata*			
2306	金平野姬蜂	*Yezoceryx jinpingensis*			
	褶翅小蜂科	**Leucospidae**			
2307	束腰褶翅小蜂	*Leucospis petiolata*	*		
	长尾小蜂科	**Torymidae**			
2308	思南长尾小蜂	*Slanecia* sp.			
	旋小蜂科	**Eupelmidae**			
2309	天蛾卵平腹小蜂	*Anastatus acherontiae*			
	蚁科	**Formicidae**			
2310	八重山尖尾蚁	*Acropyga yaeyamensis*			
2311	宾氏双节行军蚁	*Aenictus binghami*			图版 50
2312	卡氏双节行军蚁	*Aenictus camposi*			
2313	锡兰双节行军蚁	*Aenictus ceylonicus*			
2314	光柄双节行军蚁	*Aenictus laeviceps*			
2315	格拉夫钩猛蚁	*Anochetus graeffei*			
2316	混杂钩猛蚁	*Anochetus mixtus*			
2317	小眼钩猛蚁	*Anochetus subcoecus*			
2318	细足捷蚁	*Anoplolepis gracilipes*			图版 50
2319	贝卡盘腹蚁	*Aphaenogaster beccarii*			图版 50
2320	费氏盘腹蚁	*Aphaenogaster feae*			
2321	舒尔盘腹蚁	*Aphaenogaster schurri*			图版 50

（续）

序号	目、科、种	目、科、种学名	云南新纪录种	珍稀濒危物种	图版
2322	盘腹蚁属待定种 1	*Aphaenogaster* sp.1			
2323	黄足短猛蚁	*Brachyponera luteipes*			图版 56
2324	黄斑弓背蚁	*Camponotus albosparsus*			
2325	安宁弓背蚁	*Camponotus anningensis*			图版 50
2326	重庆弓背蚁	*Camponotus chongqingensis*			
2327	黄腹弓背蚁	*Camponotus helvus*			
2328	毛钳弓背蚁	*Camponotus lasiselene*			图版 50
2329	平和弓背蚁	*Camponotus mitis*			图版 50
2330	截胸弓背蚁	*Camponotus mutilarius*			图版 50
2331	尼科巴弓背蚁	*Camponotus nicobarensis*			
2332	巴瑞弓背蚁	*Camponotus parius*			图版 51
2333	四斑弓背蚁	*Camponotus quadrinotatus*			
2334	红头弓背蚁	*Camponotus singularis*			图版 51
2335	弓背蚁属待定种 1	*Camponotus* sp.1			
2336	裸心结蚁	*Cardiocondyla nuda*			
2337	罗氏心结蚁	*Cardiocondyla wroughtonii*			图版 51
2338	近缘盲切叶蚁	*Carebara affinis*			
2339	高结盲切叶蚁	*Carebara altinoda*			
2340	木盲切叶蚁	*Carebara lignata*			
2341	粒沟切叶蚁	*Cataulacus granulatus*			图版 51
2342	粗纹举腹蚁	*Crematogaster artifex*			图版 51
2343	比罗举腹蚁	*Crematogaster biroi*			
2344	亮褐举腹蚁	*Crematogaster contemta*			
2345	乌木举腹蚁	*Crematogaster ebenina*			
2346	立毛举腹蚁	*Crematogaster ferrarii*			图版 51
2347	玛氏举腹蚁	*Crematogaster matsumurai*			
2348	米拉德举腹蚁	*Crematogaster millardi*			
2349	大阪举腹蚁	*Crematogaster osakensis*			
2350	光亮举腹蚁	*Crematogaster politula*			
2351	黑褐举腹蚁	*Crematogaster rogenhoferi*			
2352	罗思尼举腹蚁	*Crematogaster rothneyi*			图版 51
2353	上海举腹蚁	*Crematogaster zoceensis*			
2354	大隐猛蚁	*Cryptopone gigas*			

（续）

序号	目、科、种	目、科、种学名	云南新纪录种	珍稀濒危物种	图版
2355	聚纹双刺猛蚁	*Diacamma rugosum*			图版 57
2356	邻臭蚁	*Dolichoderus affinis*			图版 51
2357	费氏臭蚁	*Dolichoderus feae*			图版 52
2358	凹头臭蚁	*Dolichoderus incisus*			图版 52
2359	鞍背臭蚁	*Dolichoderus sagmanotus*			图版 52
2360	鳞结臭蚁	*Dolichoderus squamanodus*			
2361	黑可可臭蚁	*Dolichoderus thoracicus*			
2362	臭蚁属待定种 1	*Dolichoderus* sp.1			
2363	东方行军蚁	*Dorylus orientalis*			
2364	安南扁头猛蚁	*Ectomomyrmex annamitus*			
2365	敏捷扁头猛蚁	*Ectomomyrmex astutus*			
2366	爪哇扁头猛蚁	*Ectomomyrmex javanus*			
2367	邵氏扁头猛蚁	*Ectomomyrmex sauteri*			
2368	郑氏扁头猛蚁	*Ectomomyrmex zhengi*			图版 57
2369	黑色埃猛蚁	*Emeryopone melaina*			
2370	宽结摇蚁	*Erromyrma latinodis*			图版 52
2371	多毛真猛蚁	*Euponera pilosior*			
2372	掘穴蚁	*Formica cunicularia*			
2373	棘棱结蚁	*Gauromyrmex acanthinus*			
2374	双色曲颊猛蚁	*Gnamptogenys bicolor*			图版 57
2375	曲颊猛蚁属待定种 1	*Gnamptogenys* sp.1			
2376	猎镰猛蚁	*Harpegnathos venator*			
2377	鲍氏姬猛蚁	*Hypoponera bondroiti*			
2378	邻姬猛蚁	*Hypoponera confinis*			
2379	姬猛蚁属待定种 1	*Hypoponera* sp.1			
2380	扁平虹臭蚁	*Iridomyrmex anceps*			图版 53
2381	虹臭蚁属待定种 1	*Iridomyrmex* sp.1			
2382	尼约斯无刺蚁	*Kartidris nyos*			图版 52
2383	疏毛无刺蚁	*Kartidris sparsipila*			
2384	玉米毛蚁	*Lasius alienus*			图版 52
2385	黄毛蚁	*Lasius flavus*			
2386	开普刺结蚁	*Lepisiota capensis*			
2387	暗淡刺结蚁	*Lepisiota opaca*			图版 52

（续）

序号	目、科、种	目、科、种学名	云南新纪录种	珍稀濒危物种	图版
2388	网纹刺结蚁	*Lepisiota reticulata*			图版 52
2389	罗斯尼刺结蚁	*Lepisiota rothneyi*			图版 55
2390	罗斯尼刺结蚁罗夫顿亚种	*Lepisiota rothneyi wroughtonii*			
2391	西昌刺结蚁	*Lepisiota xichangensis*			
2392	云南细蚁	*Leptanilla yunnanensis*			
2393	缅甸细颚猛蚁	*Leptogenys birmana*			
2394	条纹细颚猛蚁	*Leptogenys diminuta*			图版 57
2395	基氏细颚猛蚁	*Leptogenys kitteli*			
2396	光滑盾胸切叶蚁	*Meranoplus laeviventris*			图版 53
2397	中华小家蚁	*Monomorium chinense*			图版 53
2398	拟宽结小家蚁	*Monomorium latinodoides*			
2399	东方小家蚁	*Monomorium orientale*			
2400	法老小家蚁	*Monomorium pharaonis*			图版 53
2401	丽塔红蚁	*Myrmica ritae*			
2402	褐色脊红蚁	*Myrmicaria brunnea*			图版 53
2403	宾氏长齿蚁	*Myrmoteras binghamii*			
2404	缅甸尼氏蚁	*Nylanderia birmana*			图版 53
2405	布氏尼氏蚁	*Nylanderia bourbonica*			图版 53
2406	黄足尼氏蚁	*Nylanderia flavipes*			
2407	亮尼氏蚁	*Nylanderia vividula*			
2408	无毛凹臭蚁	*Ochetellus glaber*			
2409	环纹大齿猛蚁	*Odontomachus circulus*			图版 57
2410	争吵大齿猛蚁	*Odontomachus rixosus*			图版 57
2411	横纹齿猛蚁	*Odontoponera transversa*			图版 57
2412	黄猄蚁	*Oecophylla smaragdina*			图版 53
2413	邵氏拟立毛蚁	*Paraparatrechina sauteri*			
2414	长角立毛蚁	*Paratrechina longicornis*			图版 54
2415	暗立毛蚁	*Paratrechina umbra*			图版 54
2416	立毛蚁属待定种 1	*Paratrechina* sp.1			
2417	卡泼林大头蚁	*Pheidole capellini*			
2418	印度大头蚁	*Pheidole indica*			图版 54
2419	多齿大头蚁	*Pheidole multidens*			

（续）

序号	目、科、种	目、科、种学名	云南新纪录种	珍稀濒危物种	图版
2420	皮氏大头蚁	*Pheidole pieli*			
2421	塞奇大头蚁	*Pheidole sagei*			
2422	棒刺大头蚁	*Pheidole spathifera*			图版 54
2423	沃森大头蚁	*Pheidole watsoni*			图版 54
2424	伊大头蚁	*Pheidole yeensis*			图版 54
2425	邻巨首蚁	*Pheidologeton affinis*			图版 54
2426	平滑菲臭蚁	*Philidris laevigata*			
2427	阿禄斜结蚁	*Plagiolepis alluaudi*			图版 54
2428	德氏斜结蚁	*Plagiolepis demangei*			
2429	阿玛多刺蚁	*Polyrhachis armata*			
2430	方肩多刺蚁	*Polyrhachis cornihumera*			图版 55
2431	双齿多刺蚁	*Polyrhachis dives*			图版 55
2432	哈氏多刺蚁	*Polyrhachis halidayi*			
2433	奇多刺蚁	*Polyrhachis hippomanes*			图版 55
2434	伊劳多刺蚁	*Polyrhachis illaudata*			图版 55
2435	光亮多刺蚁	*Polyrhachis lucidula*			
2436	圆肩多刺蚁	*Polyrhachis orbihumera*			
2437	拟弓多刺蚁	*Polyrhachis paracamponota*			
2438	邻居多刺蚁	*Polyrhachis proxima*			图版 55
2439	刻点多刺蚁	*Polyrhachis punctillata*			
2440	结多刺蚁	*Polyrhachis rastellata*			
2441	红足多刺蚁	*Polyrhachis rufipes*			
2442	光胫多刺蚁	*Polyrhachis tibialis*			
2443	鼎突多刺蚁	*Polyrhachis vicina*			
2444	多刺蚁属待定种 1	*Polyrhachis* sp.1			
2445	黑腹前结蚁	*Prenolepis melanogaster*			图版 55
2446	内氏前结蚁	*Prenolepis naoroji*			
2447	柯氏锯猛蚁	*Prionopelta kraepelini*			
2448	短刺棱胸蚁	*Pristomyrmex brevispinosus*			
2449	双针棱胸切叶蚁	*Pristomyrmex pungens*			图版 55
2450	黄毛原蚁	*Proformica flavosetosa*			
2451	双齿唇拟毛蚁	*Pseudolasius bidenticlypeus*			
2452	普通拟毛蚁	*Pseudolasius familiaris*			图版 56

（续）

序号	目、科、种	目、科、种学名	云南新纪录种	珍稀濒危物种	图版
2453	西氏拟毛蚁	*Pseudolasius silvestrii*			
2454	拟毛蚁属待定种 1	*Pseudolasius* sp.1			
2455	红足修猛蚁	*Pseudoneoponera rufipes*			图版 57
2456	女娲角腹蚁	*Recurvidris nuwa*			
2457	弯刺角腹蚁	*Recurvidris recurvispinosa*			
2458	棒角蚁属待定种 1	*Rhopalomastix* sp.1			
2459	贾氏火蚁	*Solenopsis jacoti*			
2460	大禹瘤颚蚁	*Strumigenys dayui*			
2461	高雅瘤颚蚁	*Strumigenys elegantula*			
2462	长瘤颚蚁	*Strumigenys exilirhina*			
2463	伊琴瘤颚蚁	*Strumigenys lyroessa*			
2464	瘤颚蚁属待定种 1	*Strumigenys* sp.1			
2465	吉氏酸臭蚁	*Tapinoma geei*			
2466	印度酸臭蚁	*Tapinoma indicum*			
2467	黑头酸臭蚁	*Tapinoma melanocephalum*			图版 56
2468	白足狡臭蚁	*Technomyrmex albipes*			图版 56
2469	长角狡臭蚁	*Technomyrmex antennus*			
2470	二色狡臭蚁	*Technomyrmex bicolor*			
2471	高狡臭蚁	*Technomyrmex elatior*			
2472	阿普特铺道蚁	*Tetramorium aptum*			图版 56
2473	毛发铺道蚁	*Tetramorium ciliatum*			
2474	楔结铺道蚁	*Tetramorium cuneinode*			
2475	英格来铺道蚁	*Tetramorium inglebyi*			
2476	光颚铺道蚁	*Tetramorium insolens*			图版 56
2477	克努铺道蚁	*Tetramorium khnum*			
2478	克氏铺道蚁	*Tetramorium kraepelini*			
2479	拉帕铺道蚁	*Tetramorium laparum*			图版 56
2480	史氏铺道蚁	*Tetramorium smithi*			图版 56
2481	铺道蚁属待定种 1	*Tetramorium* sp.1			
2482	铺道蚁属待定种 2	*Tetramorium* sp.2			
2483	罗氏铺道蚁	*Tetramorium wroughtonii*			
2484	飘细长蚁	*Tetraponera allaborans*			
2485	缅甸细长蚁	*Tetraponera birmana*			

（续）

序号	目、科、种	目、科、种学名	云南新纪录种	珍稀濒危物种	图版
2486	榕细长蚁	*Tetraponera microcarpa*			
2487	黑细长蚁	*Tetraponera nigra*			
2488	红黑细长蚁	*Tetraponera rufonigra*			
2489	迈氏毛切叶蚁	*Trichomyrmex mayri*			
	青蜂科	**Chrysididae**			
2490	细金粒青蜂	*Chrysis lapislazulina*			图版 58
	泥蜂科	**Sphecidae**			
2491	红足泥蜂	*Ammophila atripes*			图版 58
2492	赛氏沙泥蜂赛氏亚种	*Ammophila sickmanni sickmanni*			图版 58
2493	绿长背泥蜂	*Ampulex compressa*	*		图版 58
2494	疏长背泥蜂	*Ampulex dissector*			
2495	塞长背泥蜂	*Ampulex seitzii*			
2496	节腹泥蜂属待定种 1	*Cerceris* sp.1			
2497	日本蓝泥蜂	*Chalybion japonicum*			图版 58
2498	绿泥蜂	*Chlorion lobatum*			
2499	刻臀小唇泥蜂	*Larra fenchihuensis*			
2500	小唇泥蜂属待定种 1	*Larra* sp.1			
2501	毛斑锯泥蜂	*Prionyx viduatus*			图版 58
2502	黄柄壁泥蜂	*Sceliphron madraspatanum*			图版 58
2503	白毛泥蜂	*Sphex argentatus*			图版 58
2504	黑毛泥蜂	*Sphex haemorrhoidalis*			图版 58
2505	蓝三节长背泥蜂	*Trirogma caerulea*			图版 59
2506	黄跗短翅泥蜂	*Trypoxylon errans*			
	蚁蜂科	**Mutillidae**			
2507	光唇普罗蚁蜂	*Promecilla levinaris*			图版 59
2508	可疑驼盾蚁蜂岭南亚种	*Trogaopidia suspiciosa lingnani*			图版 59
2509	眼斑驼盾蚁蜂指名亚种	*Trogaspidia oculata oculata*	*		
	土蜂科	**Scoliidae**			
2510	白毛长腹土蜂	*Campsomeris annulata*			图版 59
2511	金毛长腹土蜂	*Campsomeris prismatica*			图版 59
2512	长腹土蜂属待定种 1	*Campsomeris* sp.1			
2513	长腹土蜂属待定种 2	*Campsomeris* sp.2			
2514	长腹土蜂属待定种 6	*Campsomeris* sp.6			

（续）

序号	目、科、种	目、科、种学名	云南新纪录种	珍稀濒危物种	图版
2515	土蜂属待定种 1	*Scolia* sp.1			
2516	土蜂属待定种 2	*Scolia* sp.2			
2517	土蜂属待定种 3	*Scolia* sp.3			
2518	土蜂属待定种 4	*Scolia* sp.4			
2519	土蜂属待定种 5	*Scolia* sp.5			
	钩土蜂科	**Tiphiidae**			
2520	钩土蜂属待定种 1	*Tiphia* sp.1			
2521	钩土蜂属待定种 2	*Tiphia* sp.2			
	蜾蠃科	**Eumenidae**			
2522	黑异喙蜾蠃	*Allorhynchium argentatum*			
2523	中华异喙蜾蠃	*Allorhynchium chinensis*			
2524	异喙蜾蠃属待定种 1	*Allorhynchium* sp.1			
2525	椭圆啄蜾蠃	*Antepipona biguttata*			
2526	毕啄蜾蠃	*Antepipona bipustulatus*			
2527	巧啄蜾蠃	*Antepipona deflenda*			图版 59
2528	平啄蜾蠃	*Antepipona deflenda lepeletieri*			
2529	脆啄蜾蠃	*Antepipona fragilis*			
2530	啄蜾蠃属待定种 1	*Antepipona* sp.1			
2531	啄蜾蠃属待定种 2	*Antepipona* sp.2			
2532	缘代盾蜾蠃	*Antodynerus limbatum*			
2533	云南细蜾蠃	*Cyrtolabulus yunnanensis*			
2534	原野华丽蜾蠃	*Delta campaniforme esuriens*			图版 59
2535	大华丽蜾蠃	*Delta petiolata*			图版 59
2536	常代喙蜾蠃	*Dirhynchium flavomarginatum curvilineatum*			
2537	布蜾蠃	*Eumenes buddha*			
2538	中华唇蜾蠃	*Eumenes labiatus*	*		图版 60
2539	米蜾蠃	*Eumenes micado*			
2540	基蜾蠃	*Eumenes pedunculatus*			
2541	点蜾蠃	*Eumenes pomiformis*			图版 59
2542	孔蜾蠃	*Eumenes punctatus*			
2543	种蜾蠃	*Eumenes species*			
2544	蜾蠃属待定种 1	*Eumenes* sp.1			

（续）

序号	目、科、种	目、科、种学名	云南新纪录种	珍稀濒危物种	图版
2545	蜾蠃属待定种 2	*Eumenes* sp.2			
2546	蜾蠃属待定种 3	*Eumenes* sp.3			
2547	日本佳盾蜾蠃	*Euodynerus nipanicus*			图版 60
2548	墨体胸蜾蠃	*Orancistrocerus aterrimus*			
2549	黄额胸蜾蠃	*Orancistrocerus aterrimus erythropus*			
2550	胸蜾蠃属待定种 1	*Orancistrocerus* sp.1			
2551	斯旁喙蜾蠃	*Pararrhynchium smithii*			
2552	棘秀蜾蠃	*Pareumenes quadrispinosus acutus*			
2553	倾秀蜾蠃	*Pareumenes quadrispinosus transitorus*			
2554	弓费蜾蠃	*Phiflavopunctatum continentale*			图版 60
2555	四刺饰蜾蠃	*Pseumenes depressus*			
2556	棕腹喙蜾蠃	*Rhynchium mellyi*			
2557	黄喙蜾蠃	*Rhynchium quinquecinctum*			图版 60
2558	福喙蜾蠃	*Rhynchium quinquecinctum fukaii*			
2559	墙喙蜾蠃	*Rhynchium quinquecinctum murotai*			
	蛛蜂科	**Pompilidae**			
2560	妙奇异蛛蜂	*Atopopompilus daedalus*			图版 60
2561	安诺蛛蜂属待定种 1	*Anoplius* sp.1			
2562	环棒带蛛蜂	*Batozonellus annulatus*			
2563	棒带蛛蜂属待定种 1	*Batozonellus* sp.1			
2564	淆弯沟蛛蜂	*Cyphononyx confusus*			图版 60
2565	弯沟蛛蜂属待定种 1	*Cyphononyx* sp.1			
2566	傲叉爪蛛蜂	*Episyron arrogans*			
2567	叉爪蛛蜂属待定种 1	*Episyron* sp.1			
2568	Eragenia 待定种 1	*Eragenia* sp.1			
2569	Eragenia 待定种 2	*Eragenia* sp.2			
2570	红尾捷蛛蜂	*Tachypompilus analis*			图版 60
2571	捷蛛蜂属待定种 1	*Tachypompilus* sp.1			
2572	捷蛛蜂属待定种 2	*Tachypompilus* sp.2			
	胡蜂科	**Vespidae**			
2573	平唇原胡蜂	*Provespa barthelemyi*			图版 60
2574	三齿胡蜂	*Vespa analis parallela*			图版 60

（续）

序号	目、科、种	目、科、种学名	云南新纪录种	珍稀濒危物种	图版
2575	黄腰胡蜂	*Vespa affinis*			图版 61
2576	基胡蜂	*Vespa basalis*			
2577	黑盾胡蜂	*Vespa bicolor*			图版 61
2578	褐胡蜂	*Vespa binghami*			图版 61
2579	黑尾胡蜂	*Vespa ducalis*			
2580	大胡蜂	*Vespa mandarinia magnifica*			
2581	金环胡蜂	*Vespa mandarinia*			图版 61
2582	黑胸胡蜂	*Vespa velutina nigrithorax*			
2583	黄纹大胡蜂	*Vespa soror*			图版 61
2584	黄脚胡蜂	*Vespa velutina*			图版 61
2585	大金箍胡蜂	*Vespa tropica leefmansi*			图版 61
2586	细黄胡蜂	*Vespula flaviceps*			图版 61
2587	环黄胡蜂	*Vespula rufa*			
	铃腹胡蜂科	**Ropalidiidae**			
2588	带铃腹胡蜂	*Ropalidia fasciata*			
2589	香港铃腹胡蜂	*Ropalidia hongkongensis*			图版 62
	异腹胡蜂科	**Polybiidae**			
2590	印度侧异腹胡蜂	*Parapolybia indica*			图版 62
2591	变侧异腹胡蜂	*Parapolybia varia*			图版 62
2592	侧异腹胡蜂属待定种 1	*Parapolybia* sp. 1			
	马蜂科	**Polistidae**			
2593	焰马蜂	*Polistes adustus*			图版 62
2594	棕马蜂	*Polistes gigas*			图版 62
2595	柑马蜂	*Polistes mandarinus*			
2596	果马蜂	*Polistes olivaceus*			
2597	黄裙马蜂	*Polistes sagittarius*			图版 62
2598	点马蜂	*Polistes stigma*			图版 62
2599	马蜂属待定种 1	*Polistes* sp.1			
2600	马蜂属待定种 2	*Polistes* sp.2			
2601	马蜂属待定种 3	*Polistes* sp.3			
2602	马蜂属待定种 4	*Polistes* sp.4			
2603	马蜂属待定种 5	*Polistes* sp.5			
2604	马蜂属待定种 6	*Polistes* sp.6			

（续）

序号	目、科、种	目、科、种学名	云南新纪录种	珍稀濒危物种	图版
2605	马蜂属待定种 7	*Polistes* sp.7			
	狭腹胡蜂科	**Stenogastridae**			
2606	洁平狭腹胡蜂	*Liostenogaster nitidipennis*			
2607	密侧狭腹胡蜂	*Parischnogaster mellyi*			
2608	丽真狭腹胡蜂	*Eustenogaster seitula*			图版 61
2609	丽狭腹胡蜂	*Stenogaster seitula*			
	隧蜂科	**Halictidae**			
2610	克氏彩带蜂	*Lipotriches krombeini*			
2611	小齿突彩带蜂	*Lipotriches notiomorpha*			
2612	捧腹蜂属待定种 1	*Lipotriches* sp.1			
2613	蓝彩带蜂	*Nomia chalybeata*			
2614	红角彩带蜂	*Nomia rufoclypeata*			
2615	黄绿彩带蜂	*Nomia strigata*			图版 62
2616	虹彩带蜂	*Nomia iridescens*			
2617	斑翅彩带蜂	*Nomia terminata*			图版 62
2618	彩带蜂属待定种 1	*Nomia* sp.1			
2619	彩带蜂属待定种 2	*Nomia* sp.2			
2620	彩带蜂属待定种 3	*Nomia* sp.3			
2621	彩带蜂属待定种 7	*Nomia* sp.7			
	切叶蜂科	**Megachilidae**			
2622	短腹尖腹蜂	*Coelioxys breviventris*			图版 63
2623	多赤腹蜂	*Euaspis polynesia*			图版 63
2624	斯赤腹蜂	*Euaspis strandi*			
2625	净切叶蜂	*Megachile abluta*			
2626	黄刷切叶蜂	*Megachile igniscopata*			图版 63
2627	柔切叶蜂	*Megachile placida*			
2628	拟丘切叶蜂	*Megachile pseudomonticola*			
2629	拟小突切叶蜂	*Megachile disjunctiformis*			
2630	丘切叶蜂	*Megachile monticola*			
2631	争切叶蜂	*Megachile rixator*			
2632	粗切叶蜂	*Megachile sculpturalis*			
2633	切叶蜂属待定种 1	*Megachile* sp.1			
2634	切叶蜂属待定种 5	*Megachile* sp.5			

（续）

序号	目、科、种	目、科、种学名	云南新纪录种	珍稀濒危物种	图版
	蜜蜂科	**Apidae**			
2635	绿条无垫蜂	*Amegilla zonata*			图版 63
2636	甜无垫蜂	*Amegilla dulcifera*			图版 63
2637	黑跗无垫蜂	*Amegilla nigritarsis*			图版 63
2638	中华蜜蜂	*Apis cerana*			图版 63
2639	排蜂	*Apis dorsata*			图版 63
2640	黑大蜜蜂	*Apis laboriosa*			图版 63
2641	意大利蜂	*Apis mellifera*			图版 64
2642	小蜜蜂	*Apis florea*			图版 64
2643	中华熊蜂	*Bombus channicus*			
2644	黄熊蜂	*Bombus flavescens*			图版 64
2645	高山熊蜂	*Bombus montivolans*			
2646	明亮熊蜂	*Bombus lucorum*			
2647	富丽熊蜂	*Bombus opulentus*			
2648	疏熊蜂	*Bombus remotus*			图版 64
2649	瑞熊蜂	*Bombus separandus*			图版 64
2650	半短头熊蜂	*Bombus semibreviceps*			
2651	云南熊蜂	*Bombus yunnanensis*			
2652	熊蜂属待定种 1	*Bombus* sp.1			
2653	熊蜂属待定种 2	*Bombus* sp.2			
2654	拟黄芦蜂	*Ceratina hieroglyphica*			图版 64
2655	蓝芦蜂	*Ceratina unimaculata*			
2656	黄芦蜂	*Ceratina flavipes*			
2657	芦蜂属待定种 1	*Ceratina* sp.1			
2658	芦蜂属待定种 2	*Ceratina* sp.2			
2659	凹盾斑蜂	*Crocisa emarginata*			图版 64
2660	黄胸木蜂	*Xylocopa appendiculata*			
2661	金翅木蜂	*Xylocopa auripennis*			
2662	蓝胸木蜂	*Xylocopa caerulea*			图版 64
2663	栉木蜂	*Xylocopa fenestrata*			
2664	黄黑木蜂	*Xylocopa flavonigrescens*			图版 64
2665	弗氏木蜂	*Xylocopa friesiana*			
2666	大木蜂	*Xylocopa magnifica*			
2667	穿孔木蜂	*Xylocopa perforator*			
2668	中华木蜂	*Xylocopa sinensis*			

注："*"表示该种为云南新纪录种，"NT"表示该种为《中国生物多样性红色名录》中近危物种，"√"表示该种为国家林业和草原局（2021 年第 3 号）《国家重点保护野生动物名录》中国家二级保护物种，图版见附录 2。

黑纹伟蜓
Anax nigrofasciatus

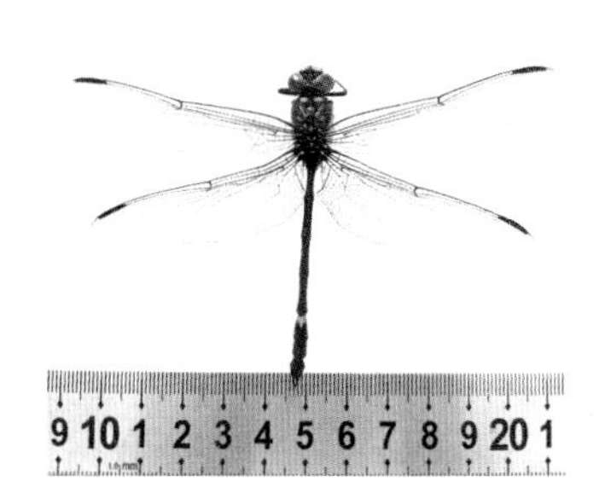

霸王叶春蜓
Ictinogomphus pertinax

锥腹蜻
Acisoma panorpoides

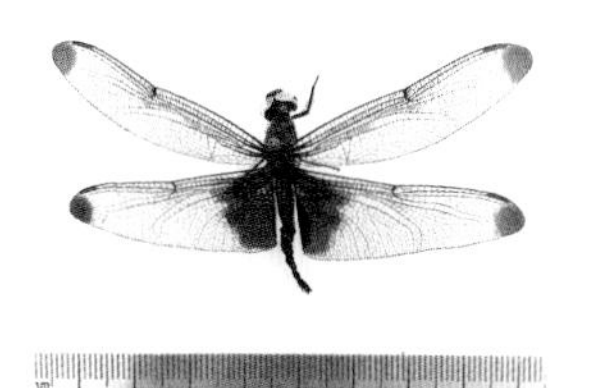

黑斑蜻
Atratothemis reelsi

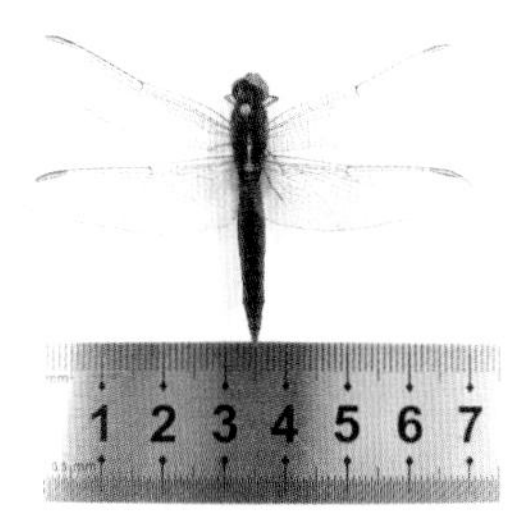

红蜻
Crocothemis servilia

网脉蜻
Neurothemis fulvia

白尾灰蜻
Orthetrum albistylum

黑尾灰蜻
Orthetrum glaucum

赤褐灰蜻
Orthetrum pruinosum

图版 1

狭腹灰蜻
Orthetrum sabina

鼎脉灰蜻
Orthetrum triangulare

六斑曲缘蜻
Palpopleura sexmaculata

黄蜻
Pantala flavescens

晓褐蜻
Trithemis aurora

彩虹蜻
Zygonyx iris insignis

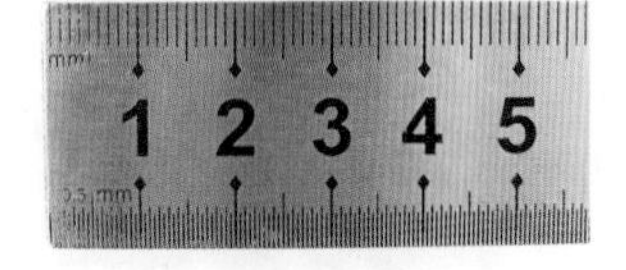

黄脊圣鼻蟌
Aristocypha fenestrella

三斑阳鼻蟌
Heliocypha perforata

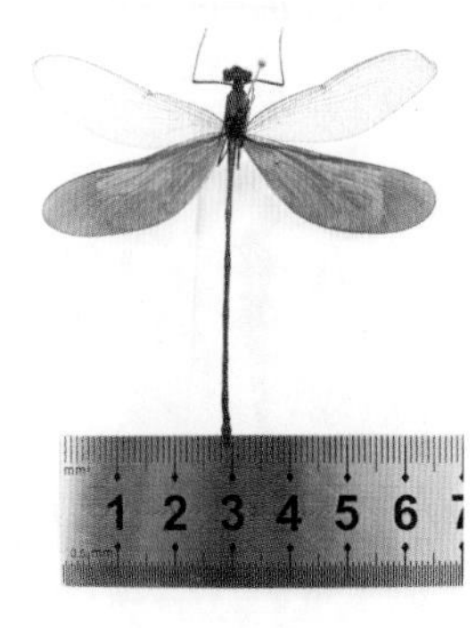

华艳色蟌
Neurobasis chinensis

图版 2

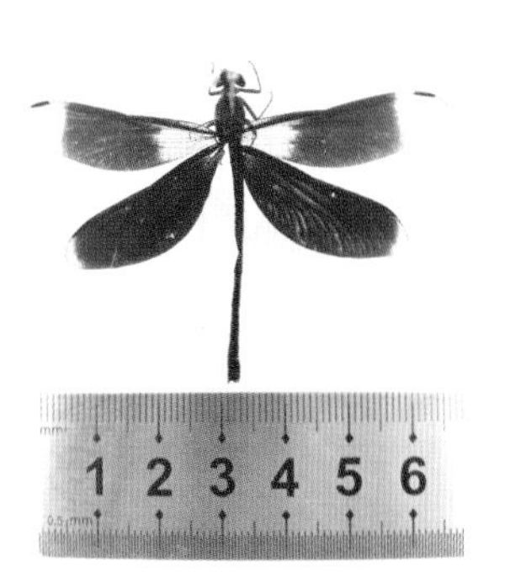

透顶溪蟌

Euphaea masoni

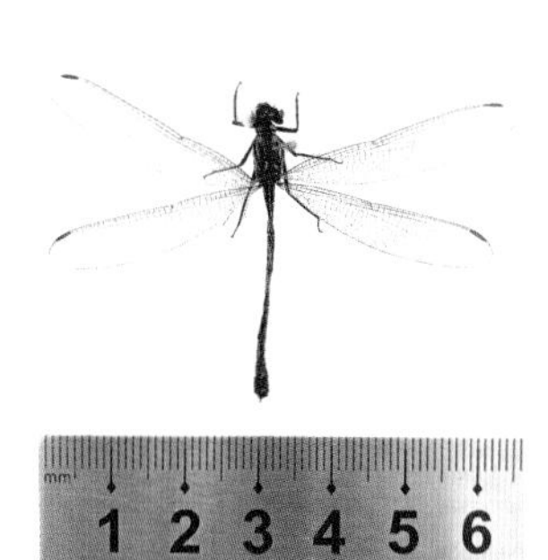

云南异翅溪蟌

Anisopleura yunnanensis

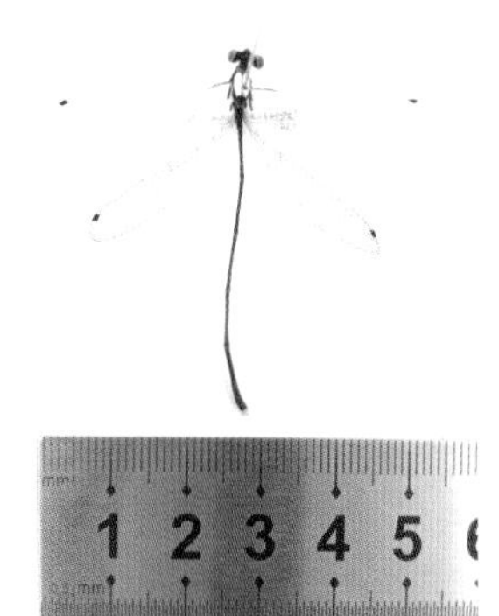

黄脊长腹扇蟌

Coeliccia chromothorax

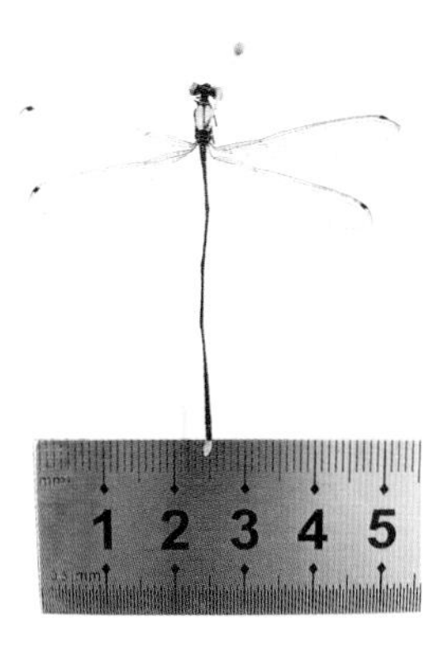

蓝脊长腹扇蟌

Coeliccia poungyi

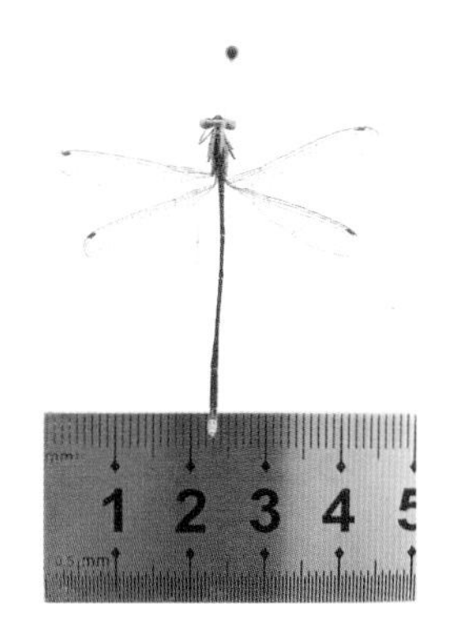

黄狭扇蟌

Copera marginipes

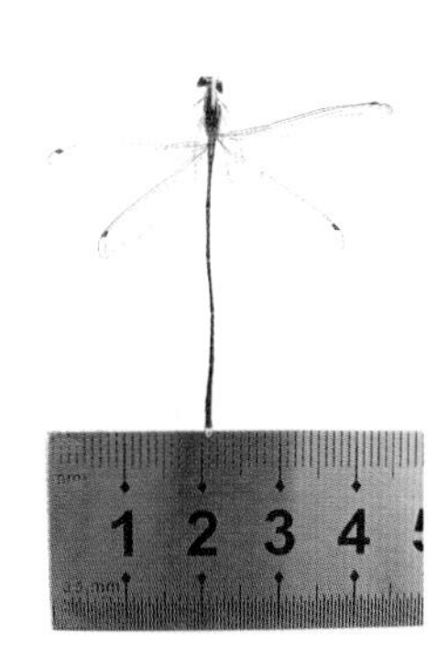

褐狭扇蟌

Copera vittata

朱腹丽扇蟌

Calicnemia eximia

长尾黄蟌

Ceriagrion fallax

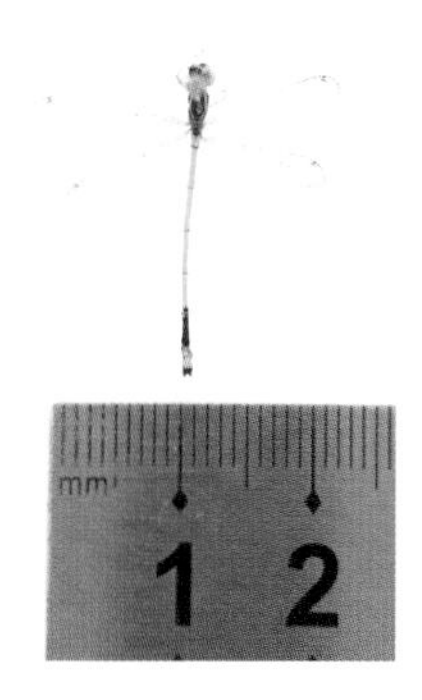

黄腹异痣蟌

Ischnura aurora

图版 3

赤斑异痣蟌
Ischnura rufostigma

钩斑妹蟌
Mortonagrion selenion

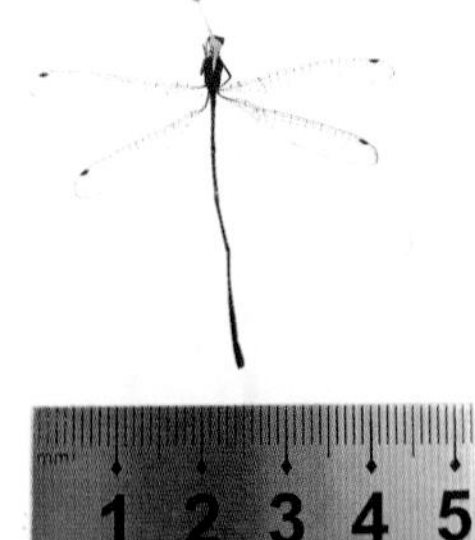

暗色原扁蟌
Protosticta grandis

僧帽佛蝗
Phlaeoba infumata

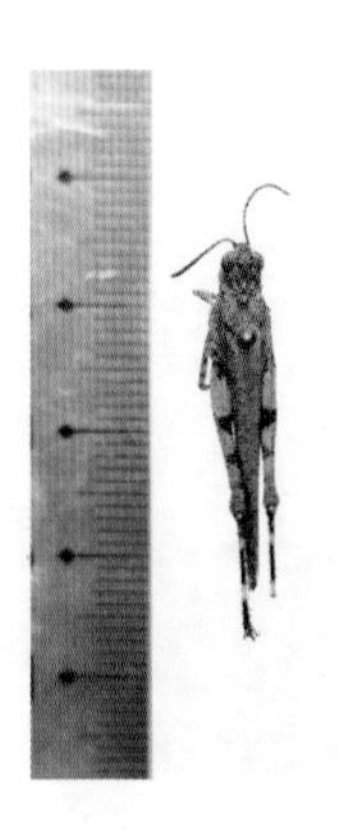

疣蝗
Trilophidia annulata

赤胫伪稻蝗
Pseudoxya diminuta

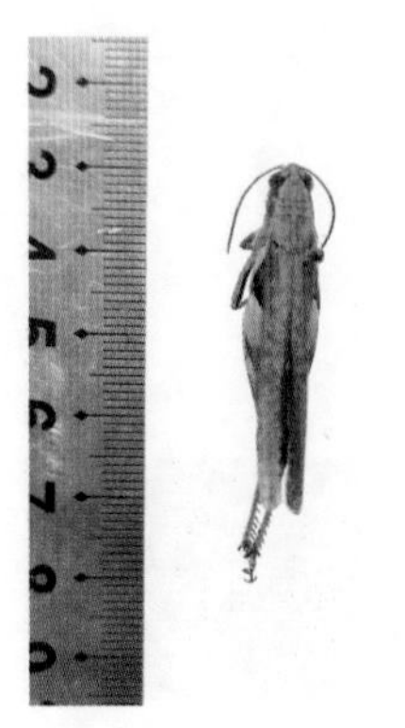

大斑外斑腿蝗
Xenocatantops humilis

日本羊角蚱
Criotettix japonicus

云南微翅蚱
Alulatettix yunnanensis

图版 4

暗斑大马蝉
Macrosemia umbrata

缺斑昂蝉
Angamiana vemacula

斑翅负角蝉
Telingana maculoptera

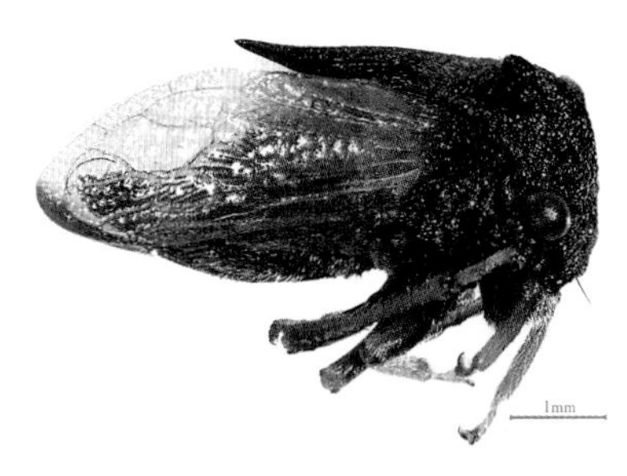

平刺无齿角蝉
Nondenticentrus flatacanthus

三叶结角蝉
Antialcidas trifoliaceus

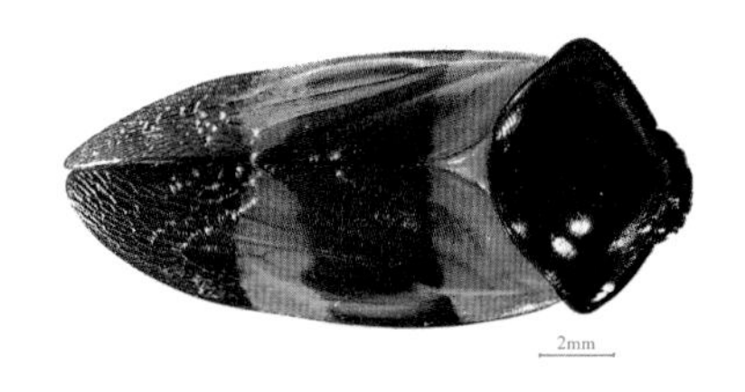

东方丽沫蝉
Cosmoscarta heros

桔黄稻沫蝉
Callitettix braconoides

白带尖胸沫蝉
Aphrophora horizontalis

图版 5

二点尖胸沫蝉
Aphrophora bipunctata

枝茎窗翅叶蝉
Mileewa branchiuma

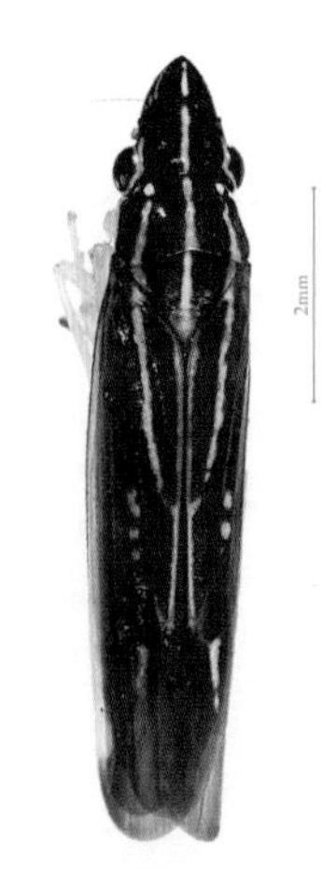

白条窗翅叶蝉
Mileewa albovittata

叉茎长突叶蝉
Batracomorphus geminatus

透翅边大叶蝉
Kolla hyalina

黑条边大叶蝉
Kolla nigrifascia

顶斑边大叶蝉
Kolla paulula

边大叶蝉
Kolla insignis

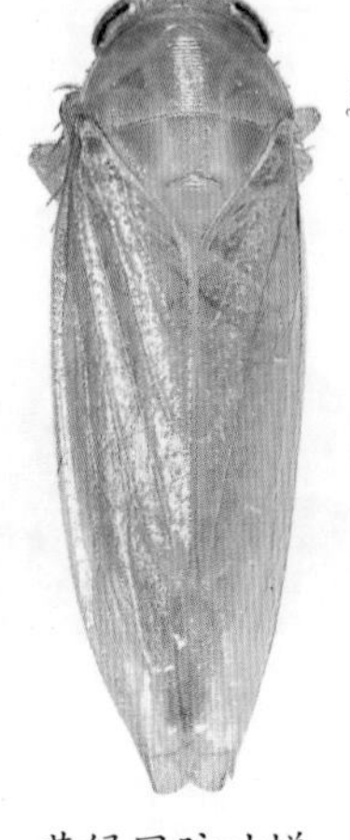

黄绿网脉叶蝉
Krisna viridula

图版 6

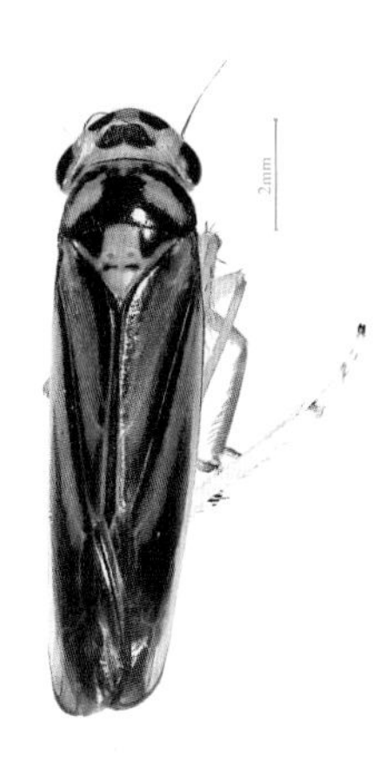

色条大叶蝉
Atkinaoniell opponens

黑圆条大叶蝉
Atkinsoniella heiyuana

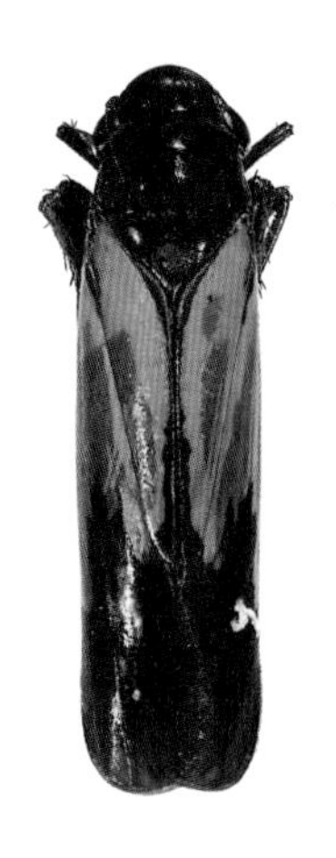

长突条大叶蝉
Atkinsoniella longa

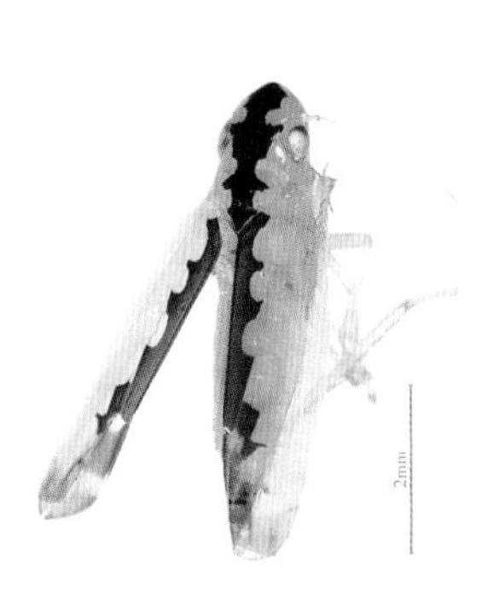

甘肃消室叶蝉
Chudania ganana

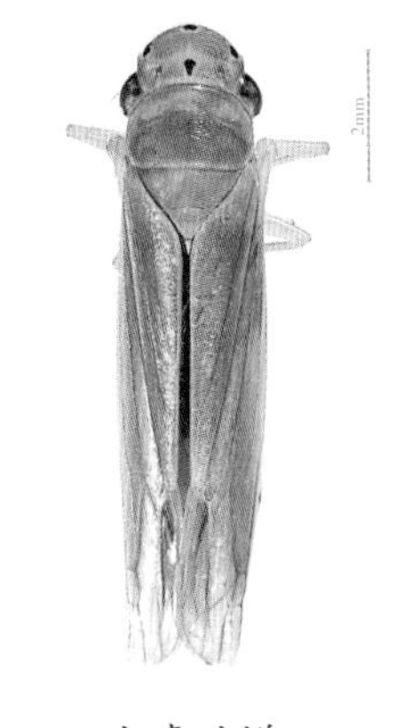

大青叶蝉
Cicadella viridid

小绿叶蝉
Empoasca flavescens

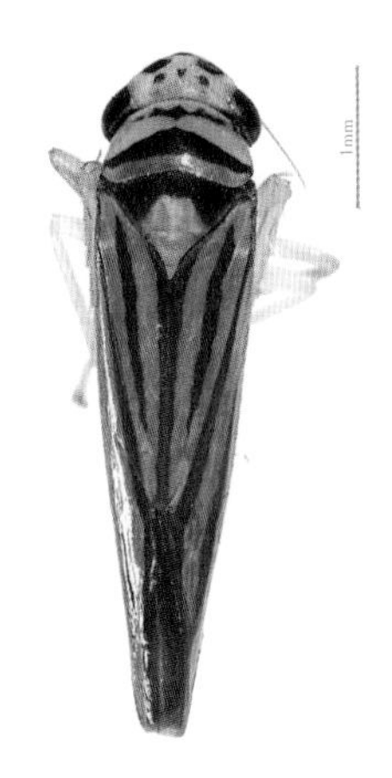

黄面横脊叶蝉
Evacanthus interruptus

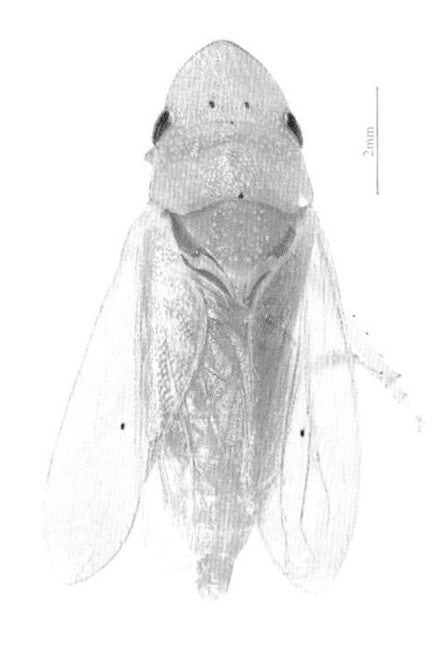

单刺华铲叶蝉
Hecalusina unispinosa

水稻黑尾叶蝉
Nephotettix bipunctatus

图版 7

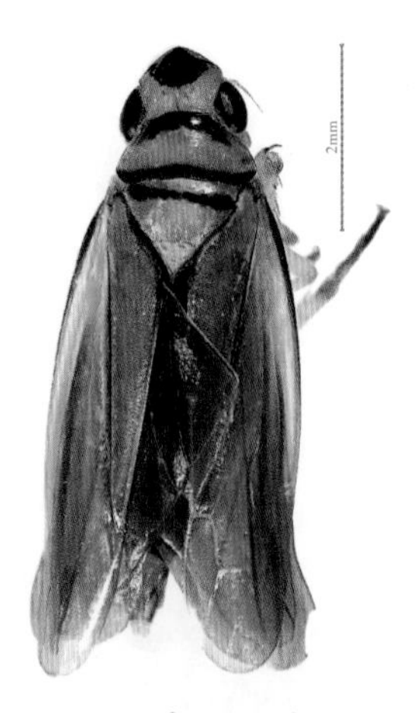

白边脊额叶蝉
Carinata kelloggii

尖凹大叶蝉
Bothrogonia acuminata

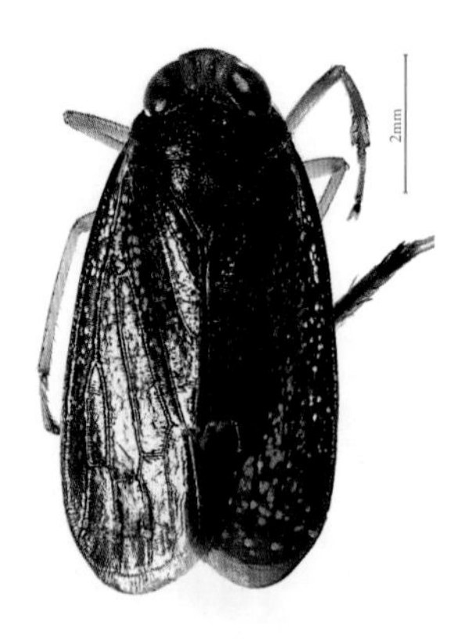

黄面单突叶蝉
Olidiana huangmuna

尖头片叶蝉
Thagria progecta

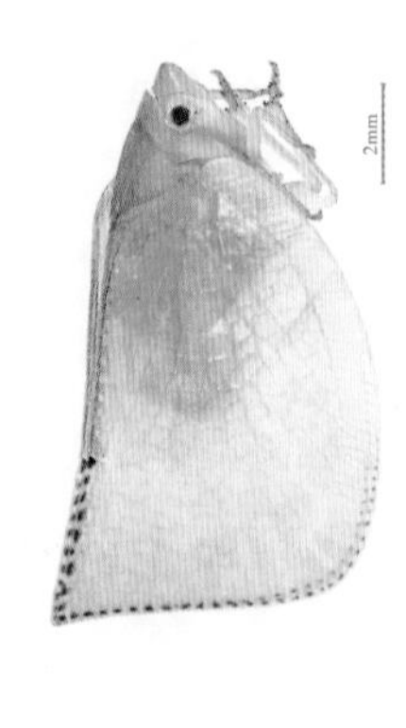

碧蛾蜡蝉
Geisha distinctissima

黑哎猎蝽
Ectomocoris atrox

彩纹猎蝽
Euagoras plagiatus

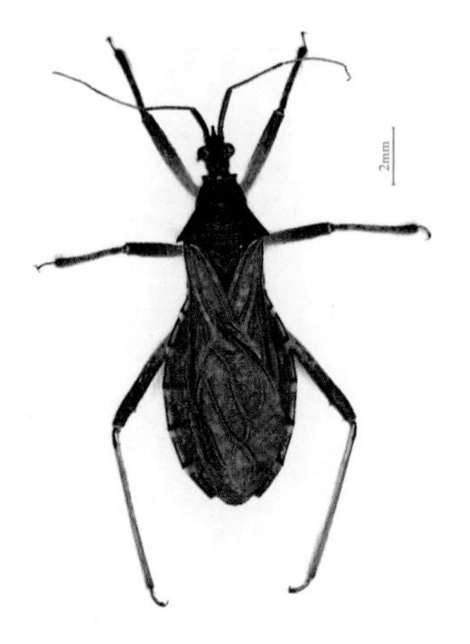

晦纹剑猎蝽
Lisarda rhypara

毛眼普猎蝽
Oncocephalus pudicus

图版 8

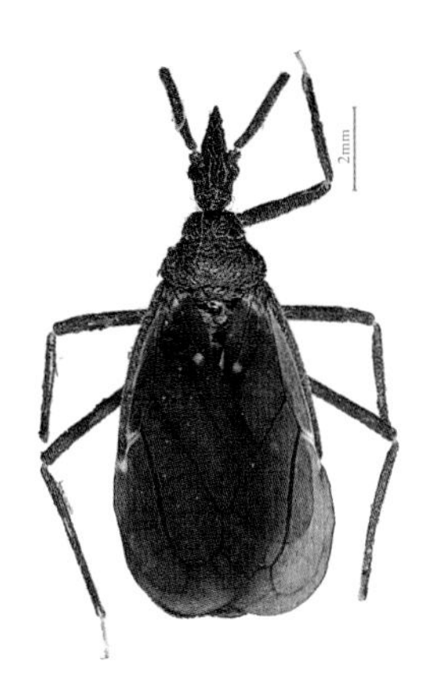

大锥绒猎蝽
Opistoplatys majusculas

叶胫猎蝽
Petalochirus spinosissimus

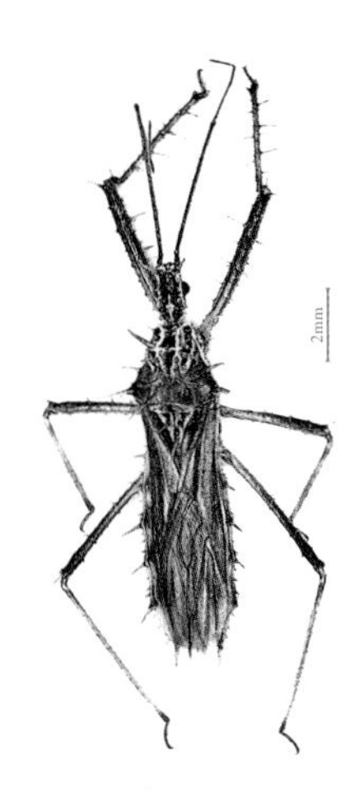

棘猎蝽
Polididus armatissimus

黄带犀猎蝽
Sycanus croceovittatus

大红犀猎蝽
Sycanus falleni

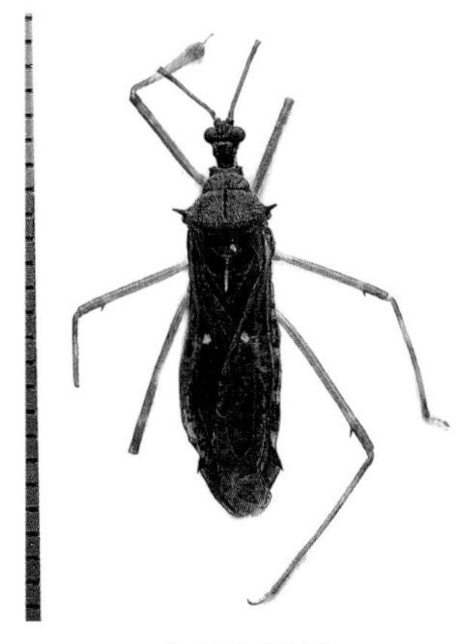

小锤胫猎蝽
Valentia hoffmanni

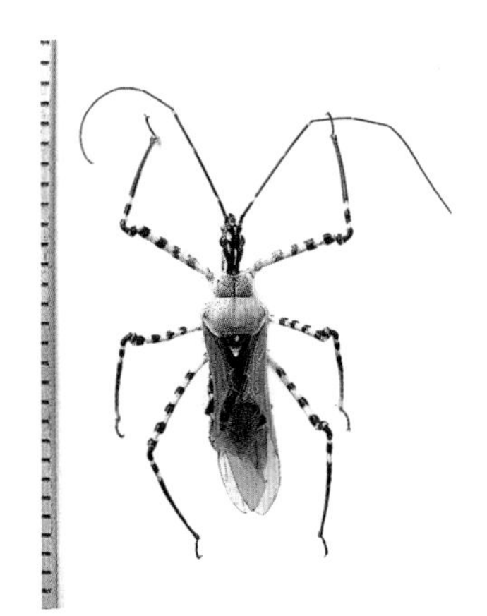

革红脂猎蝽
Velinus annulatus

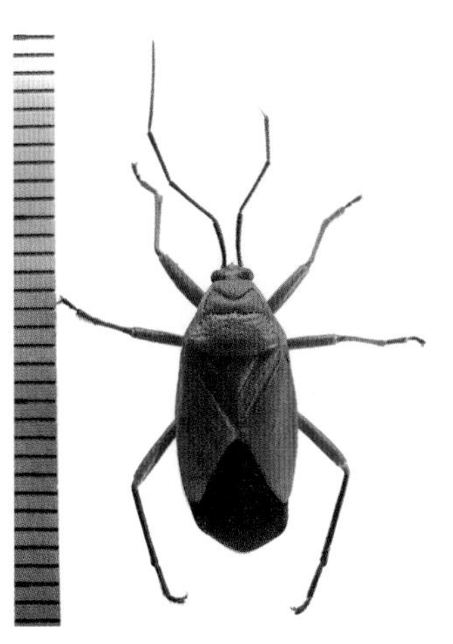

颈红蝽
Antilochus conquebertii

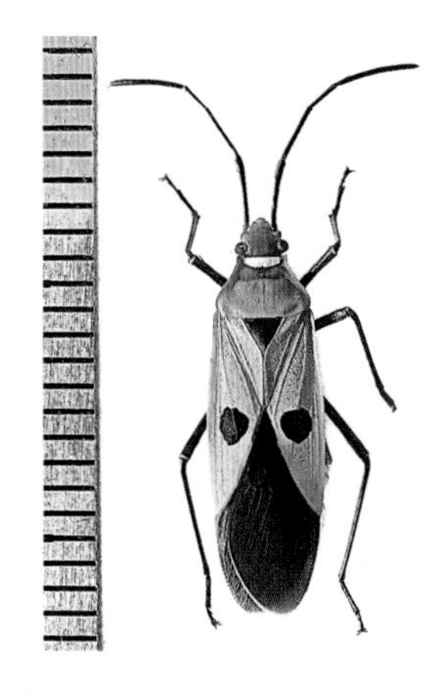

离斑棉红蝽
Dysdercus cingulatus

图版 9

突背斑红蝽♀
Physopelta gutta

突背斑红蝽♂
Physopelta gutta

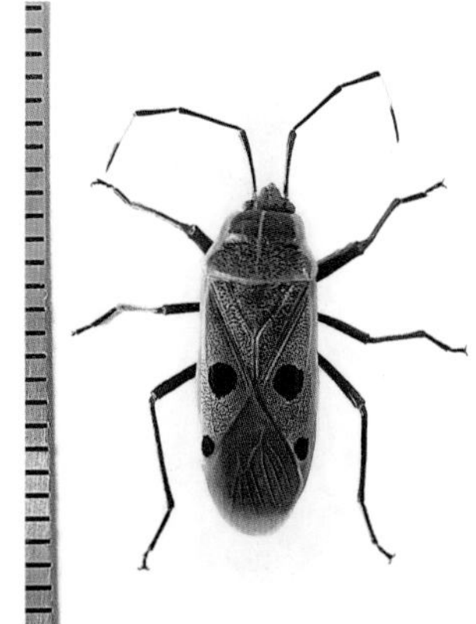

四斑红蝽
Physopelta quadriguttata

亮翅异背长蝽
Cavelerius excavatus

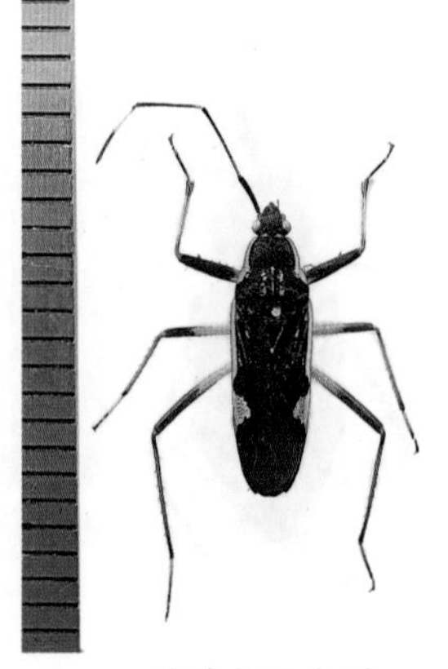

川甘长足长蝽
Dieuches kansuensis

大头隆胸长蝽
Eucosmetus incisus

川西大眼长蝽
Geocoris chinensis

南亚大眼长蝽
Geocoris ochropterus

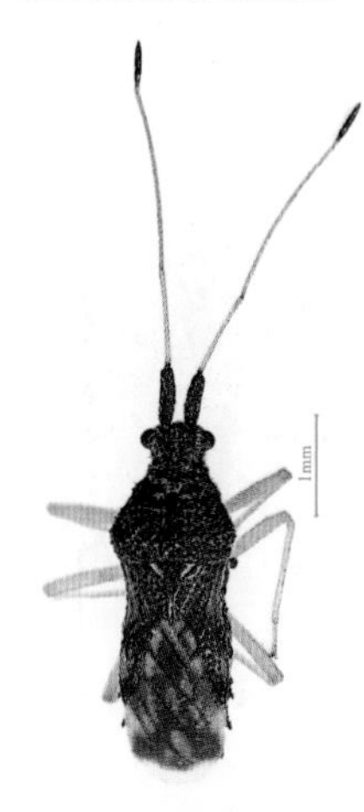

黄足束长蝽
Malcus flavidipe

图版 10

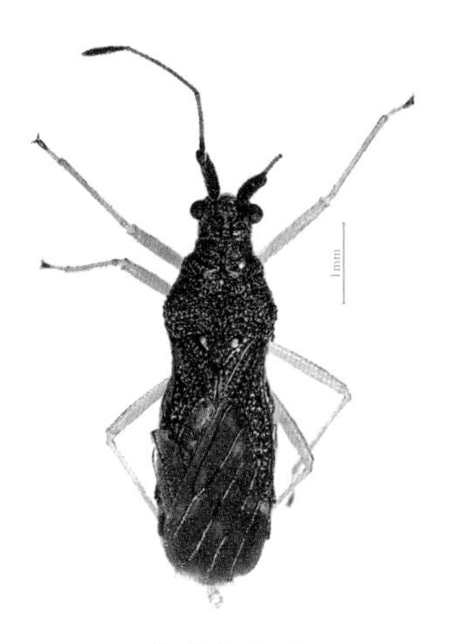

狭叶束长蝽
Malcus idoneus

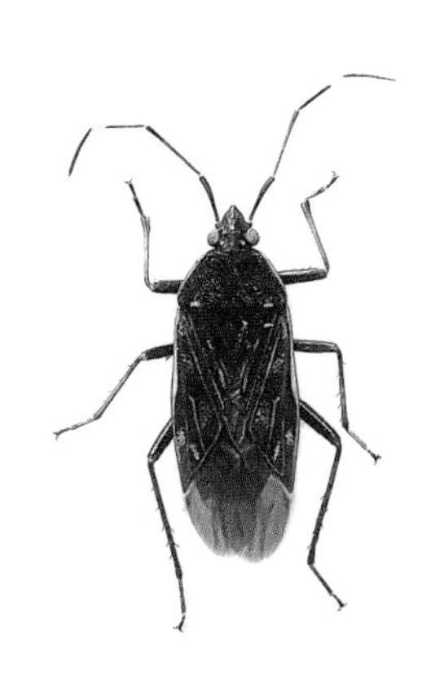

大黑毛肩长蝽
Neolethaeus assamensis

长刺棘胸长蝽
Primierus longispinus

圆眼长蝽
Pseudopachybrachius guttus

箭痕腺长蝽
Spilostethus hospes

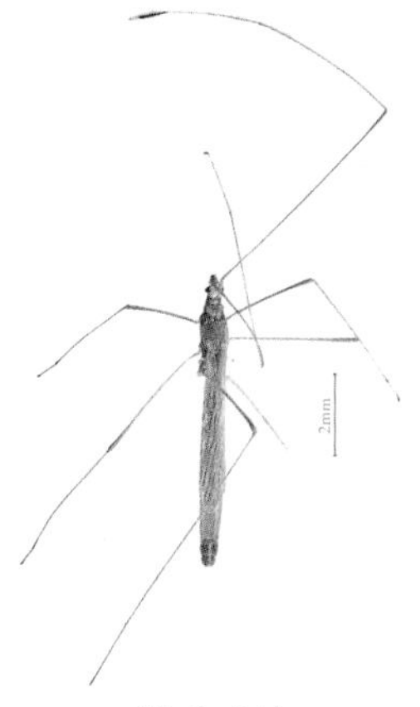

刺胁跷蝽
Yemmalysus parallelus

褐伊缘蝽
Aeschyntelus sparsus

瘤缘蝽
Acanthocoris scaber

小棒缘蝽
Clavigralla horrens

图版 11

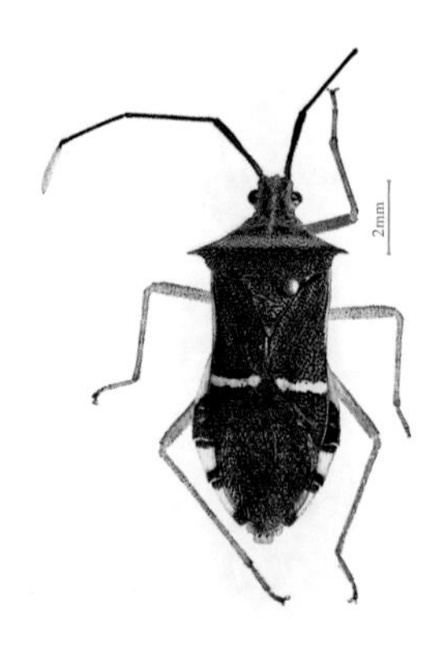

拟棘缘蝽
Cletomorpha raja

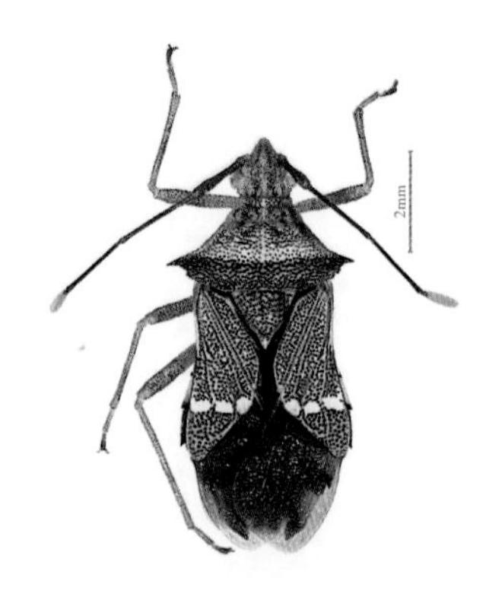

点棘缘蝽
Cletomorpha simulans

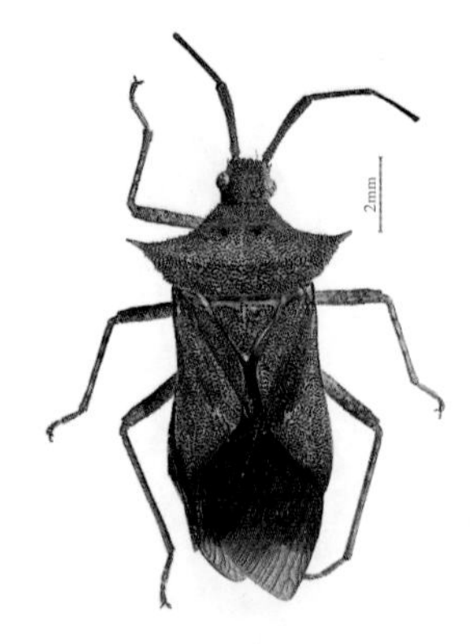

刺额棘缘蝽
Cletus bipunctatus

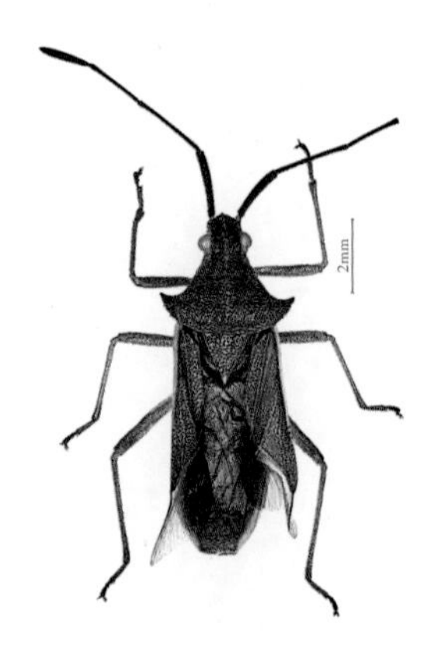

禾棘缘蝽
Cletus graminis

短肩棘缘蝽
Cletus pugnator

黑须棘缘蝽
Cletus punctulatus

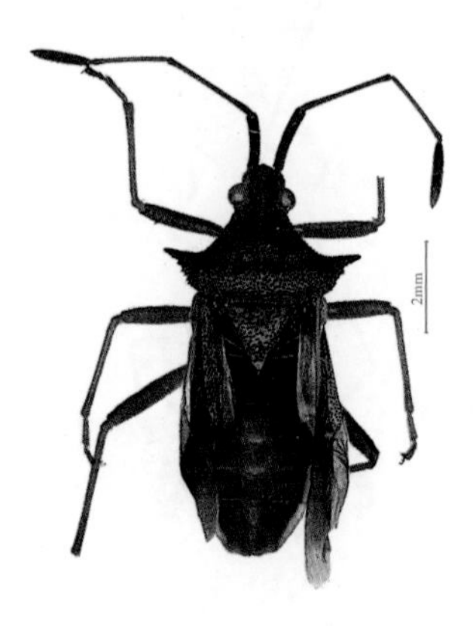

长肩棘缘蝽
Cletus trigonus

宽肩达缘蝽
Dalader planiventris

双斑同缘蝽
Homoeocerus (A.) bipunctatus

图版 12

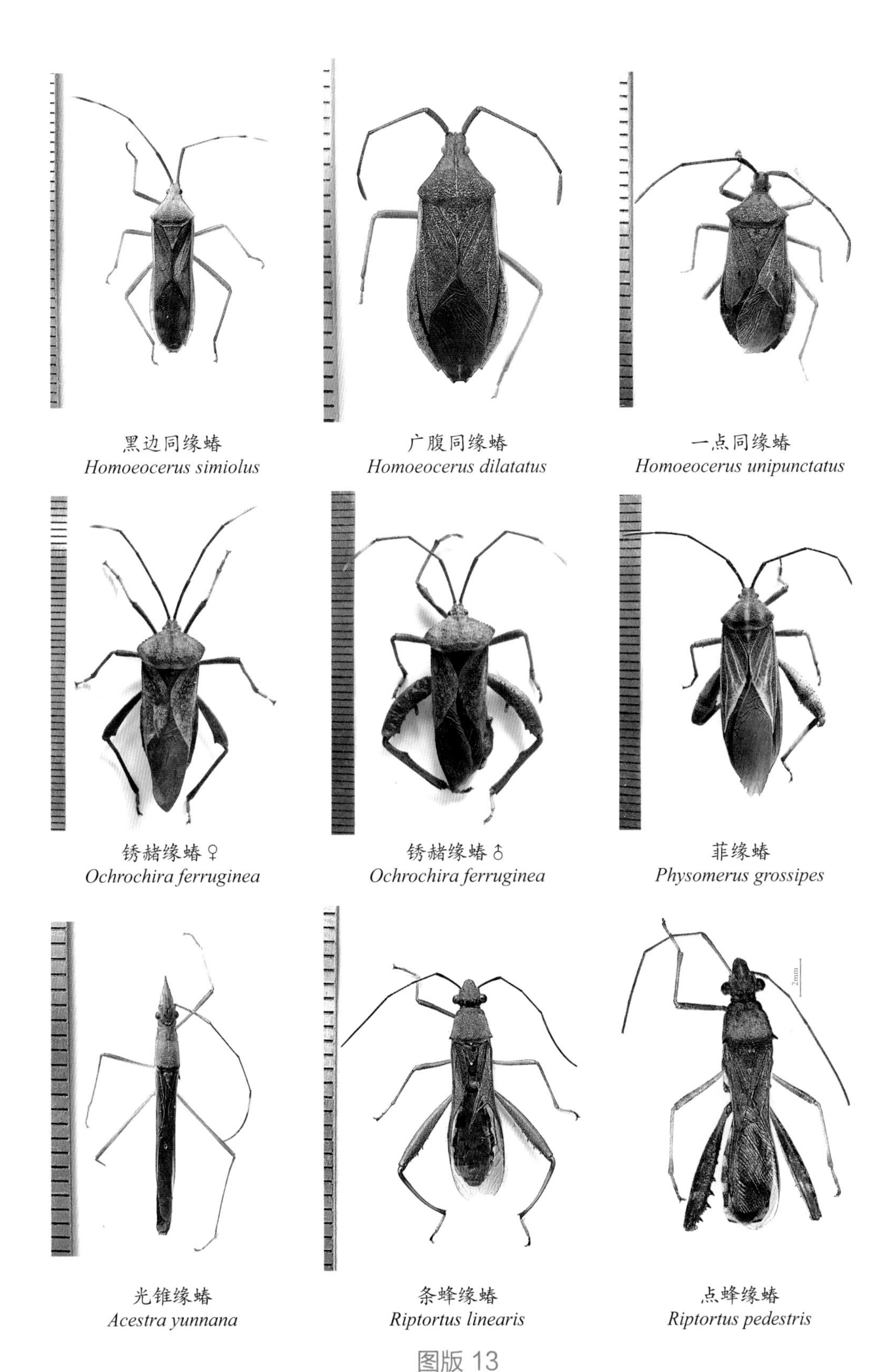

黑边同缘蝽 *Homoeocerus simiolus*

广腹同缘蝽 *Homoeocerus dilatatus*

一点同缘蝽 *Homoeocerus unipunctatus*

锈赭缘蝽♀ *Ochrochira ferruginea*

锈赭缘蝽♂ *Ochrochira ferruginea*

菲缘蝽 *Physomerus grossipes*

光锥缘蝽 *Acestra yunnana*

条蜂缘蝽 *Riptortus linearis*

点蜂缘蝽 *Riptortus pedestris*

图版 13

侏地土蝽
Geotomus pygmaeus

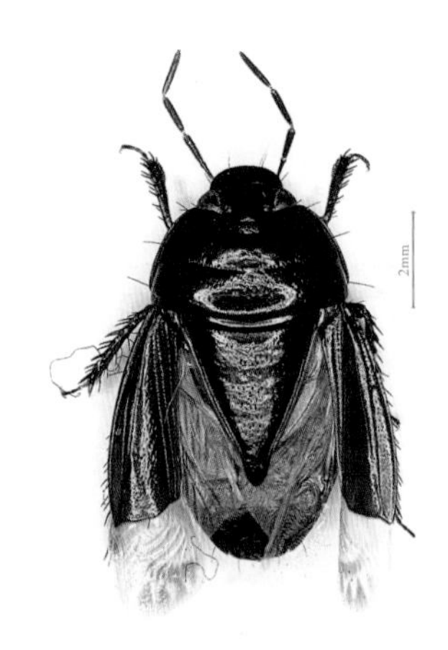

青革土蝽
Macroscytus subaeneus

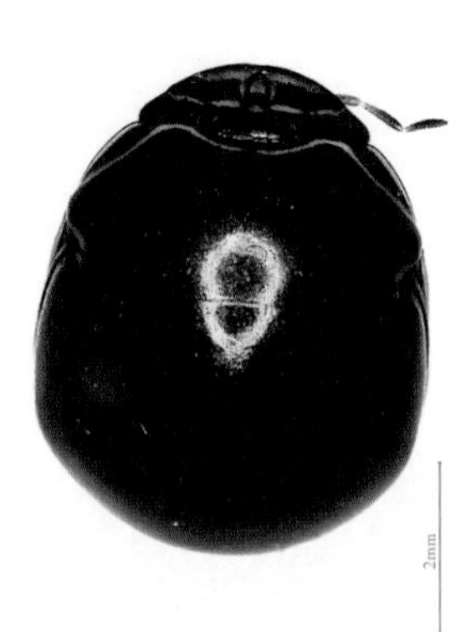

亚铜平龟蝽
Brachyplatys subaeneus

执中圆龟蝽
Coptosoma intermedia

筛豆龟蝽
Megacopta cribraria

角盾蝽
Cantao ocellatus

紫蓝丽盾蝽
Chrysocoris stolii

丽盾蝽
Chrysocoris grandis

鼻盾蝽
Hotea curculionoides

图版 14

红缘亮盾蝽
Lamprocoris lateralis

尼泊尔宽盾蝽
Poecilocoris nepalensis

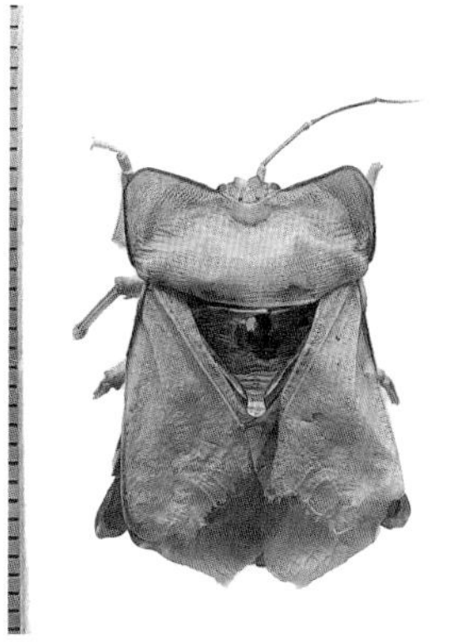

黄矩蝽
Carpona stabilis

九香虫
Aspongopus chinensis

黑腹兜蝽
Aspongopus nigriventris

短角瓜蝽
Megymenum brevicornis

无刺瓜蝽
Megymenum inerme

红角辉蝽
Carbula crasssiventris

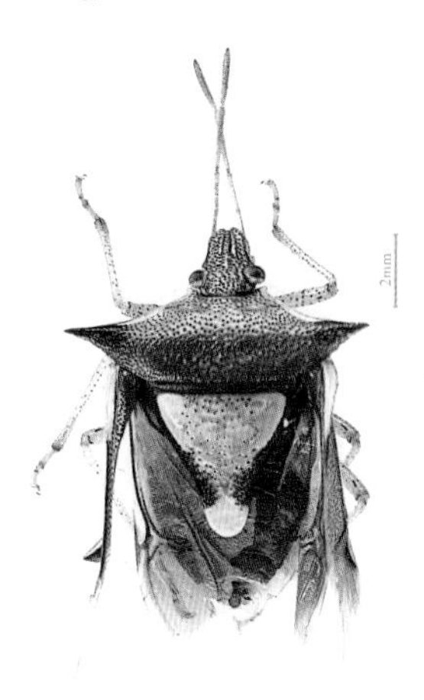

辣角辉蝽
Carbula scutellata

图版 15

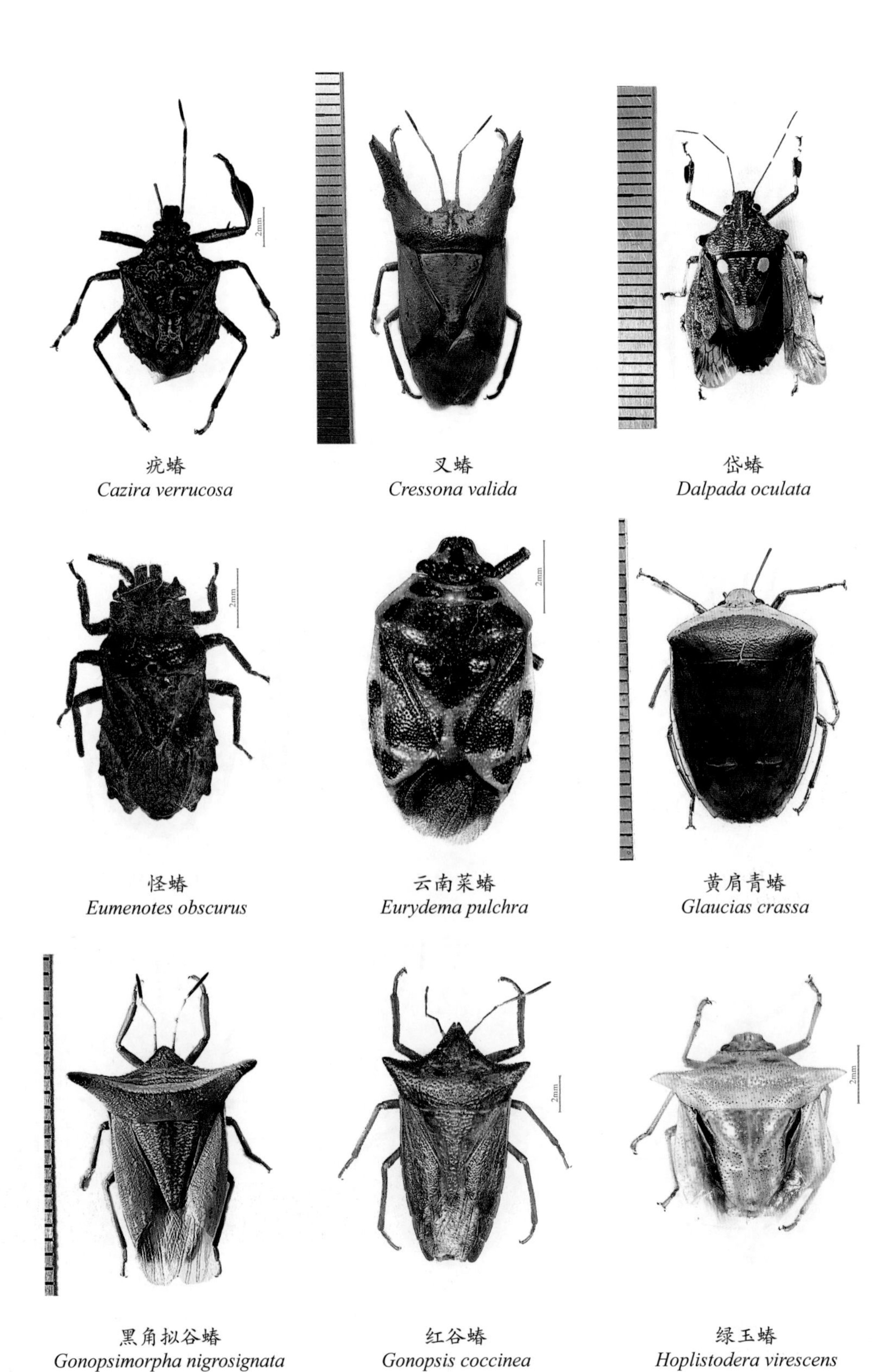

疣蝽 *Cazira verrucosa*

叉蝽 *Cressona valida*

岱蝽 *Dalpada oculata*

怪蝽 *Eumenotes obscurus*

云南菜蝽 *Eurydema pulchra*

黄肩青蝽 *Glaucias crassa*

黑角拟谷蝽 *Gonopsimorpha nigrosignata*

红谷蝽 *Gonopsis coccinea*

绿玉蝽 *Hoplistodera virescens*

图版 16

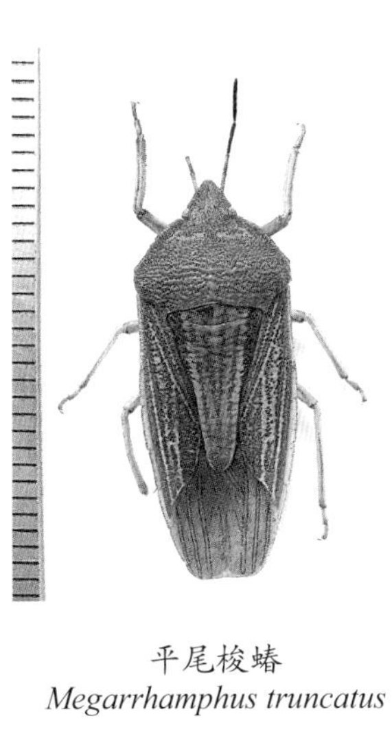

平尾梭蝽
Megarrhamphus truncatus

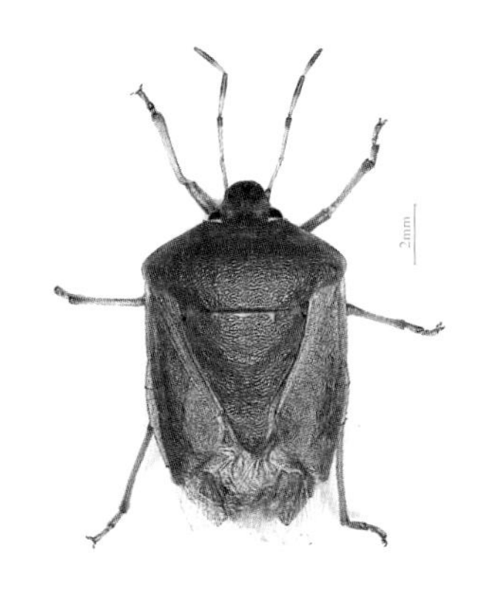

稻绿蝽全绿型
Nezara viridula forma typica

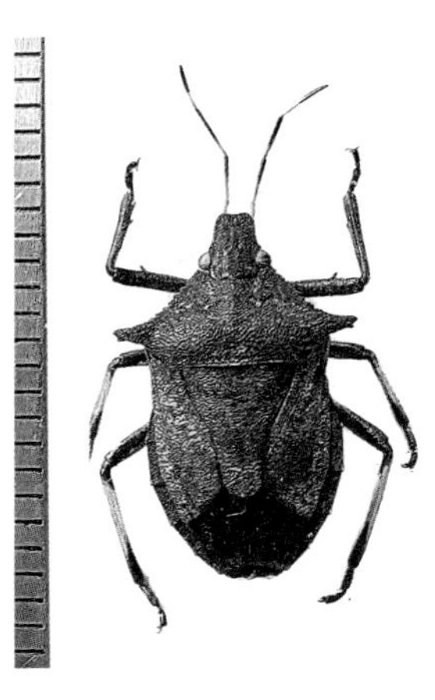

黑益蝽
Picromerus griseus

珀蝽
Plautia fimbriata

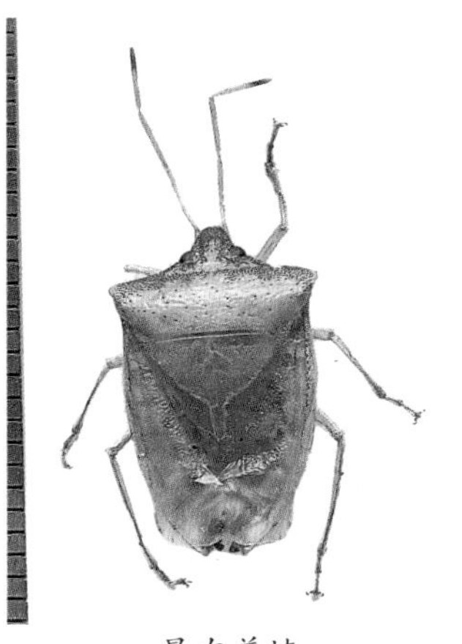

景东普蝽
Priassus exemptus

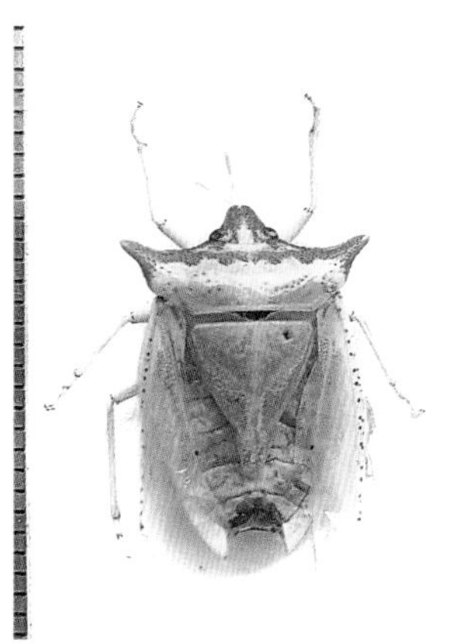

尖角普蝽
Priassus spiniger

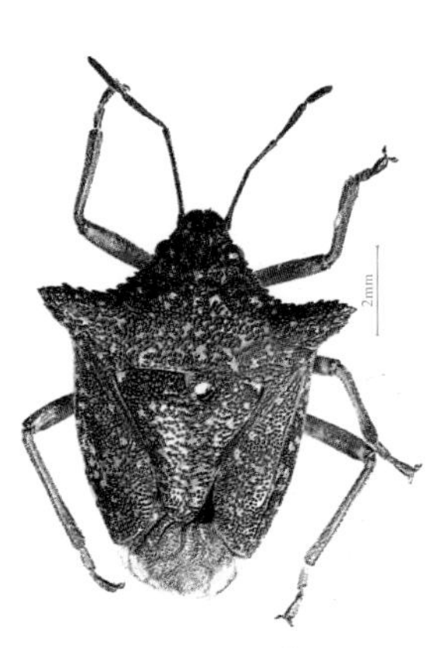

锯蝽
Prionaca tonkineneis

稻黑蝽
Scotinophara lurida

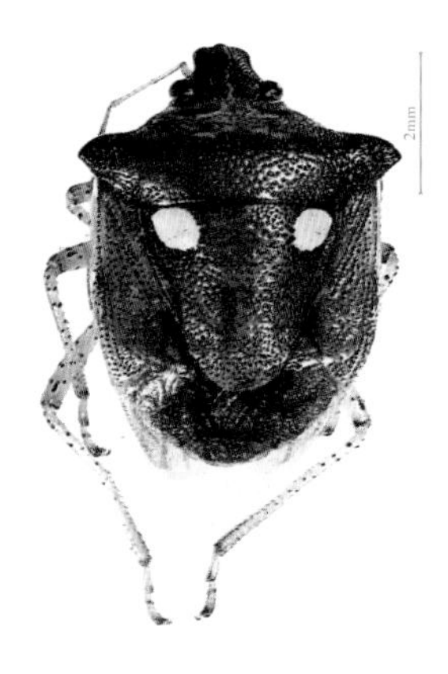

二星蝽
Stollia guttiger

图版 17

锚纹二星蝽
Stollia montivagus

红角二星蝽
Stollia rosaceus

广二星蝽
Stollia ventralis

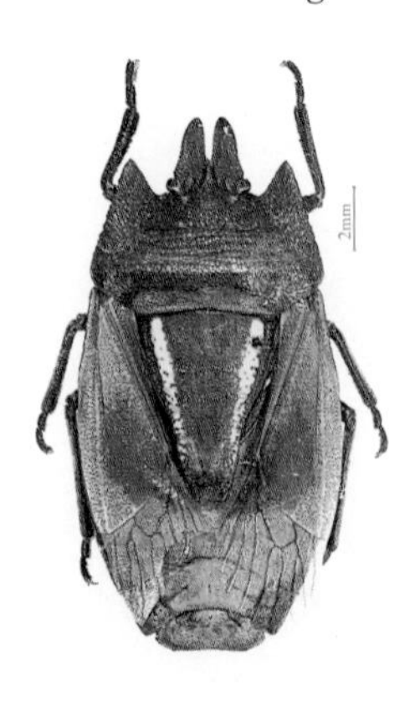

角胸蝽
Tetroda histeroides

点蝽
Tolumnia latipes forma typica

点蝽碎斑型
Tolumnia latipes forma contingens

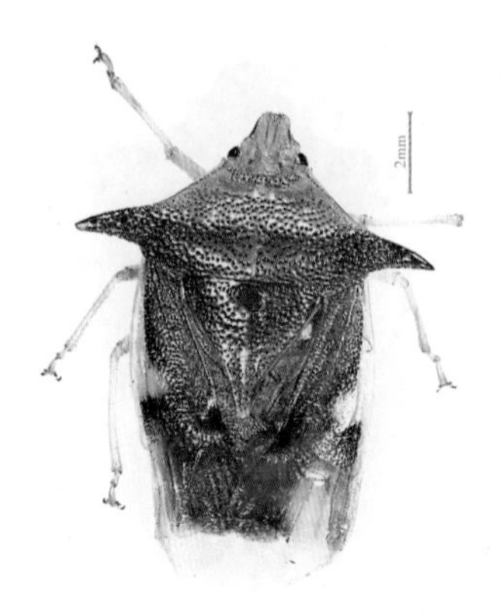

光匙同蝽
Elasmucha glaber

截匙同蝽
Elasmucha truncatela

印度蟾蝽
Nerthra indica

图版 18

拉氏梳爪叩甲
Melanotus lameyi

细点大蜡斑甲
Helota cereopunctata

六斑异瓢虫
Aiolocaria hexaspilota

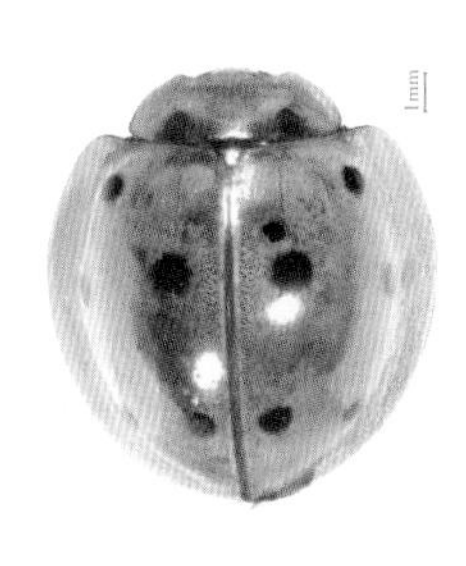

十斑大瓢虫
Anisolemnia dilatata

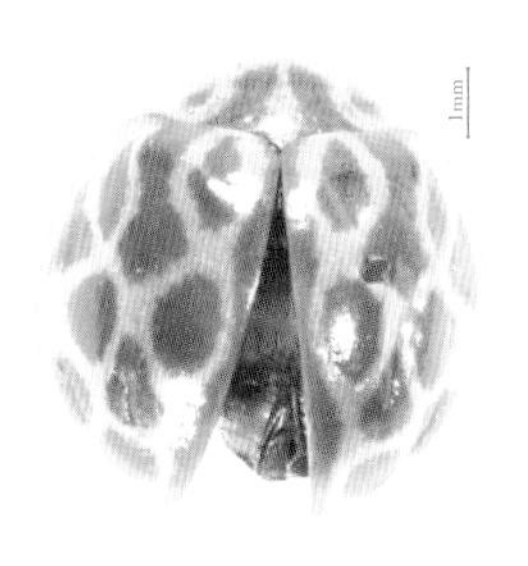

链纹裸瓢虫
Calvia sicardi

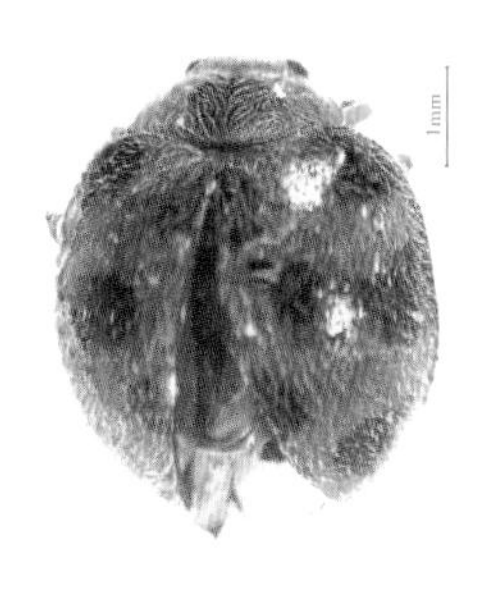

瓜茄瓢虫
Epilachna admirabilis

十斑食植瓢虫
Epilachna macularis

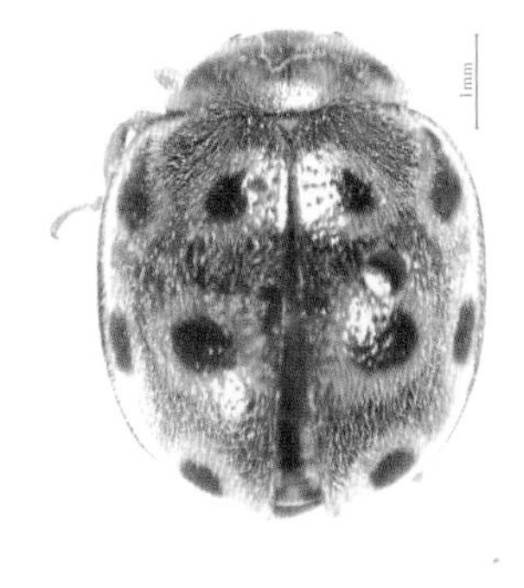

眼斑食植瓢虫
Epilachna ocellatae-maculata

屏边食植瓢虫
Epilachna pingbianensis

图版 19

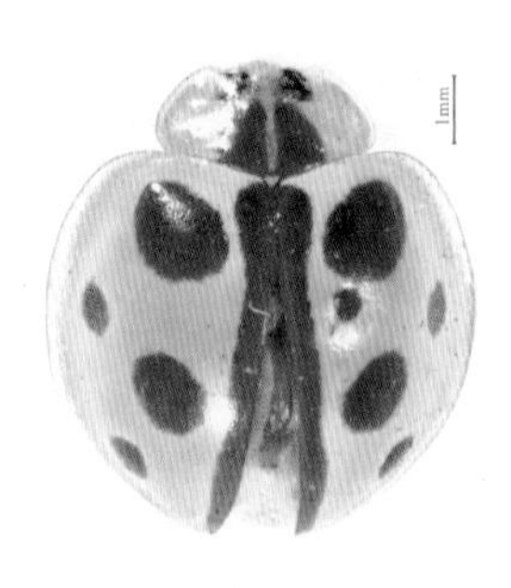

草黄菌瓢虫
Halyzia straminea

红肩瓢虫
Harmonia dimidiata

奇斑瓢虫
Harmonia eucharis

八斑和瓢虫
Harmonia octomaculata

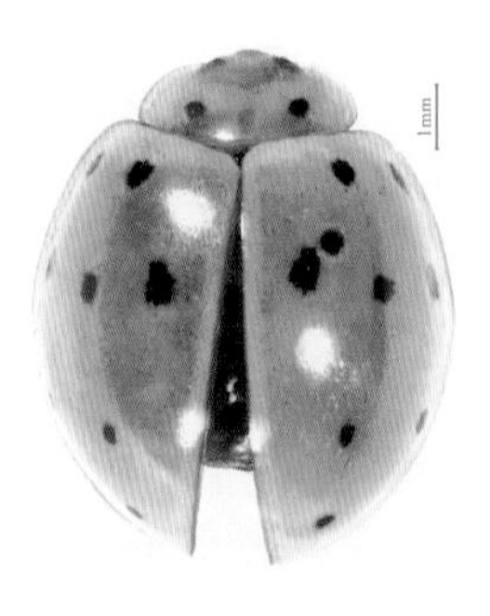

纤丽瓢虫
Harmonia sedecimnotata

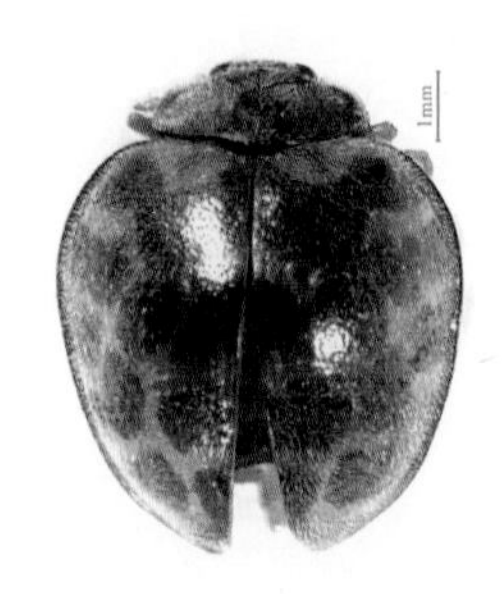

马铃薯瓢虫
Henosepilachna vigintioctomaculata

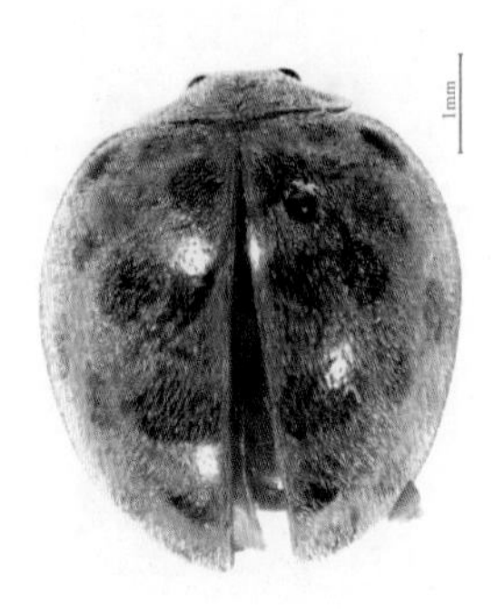

茄二十八星瓢虫
Henosepilachna vigintioctopunctata

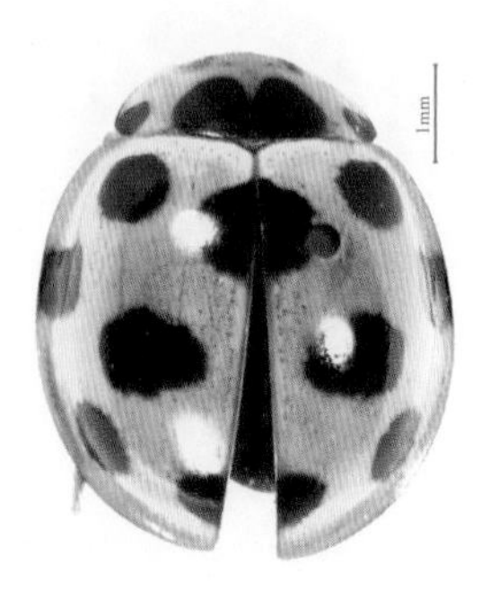

十斑盘瓢虫
Lemnia bissellata

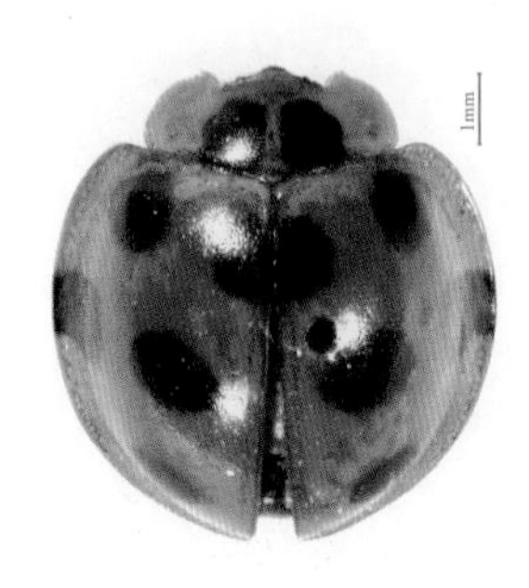

九斑盘瓢虫
Lemnia duvauceli

图版 20

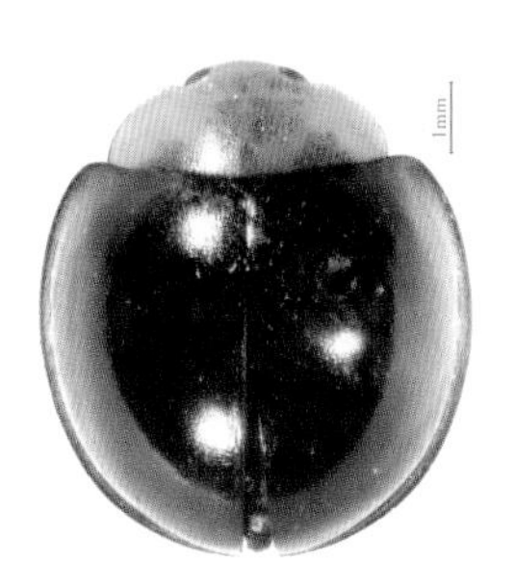

红颈瓢虫
Lemnia melanaria

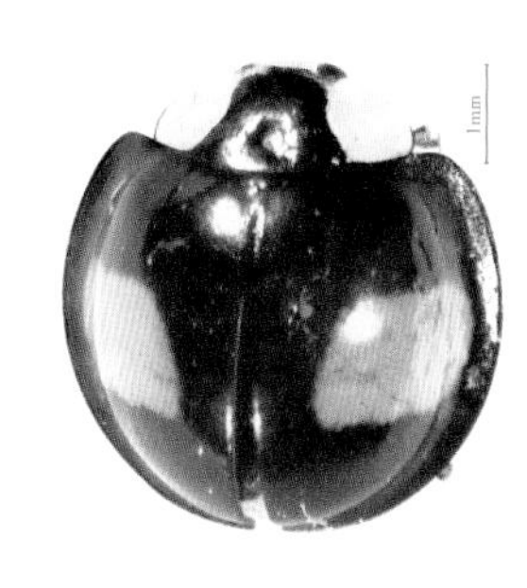

黄斑盘瓢虫
Lemnia saucia

六斑月瓢虫
Menochilus sexmaculata

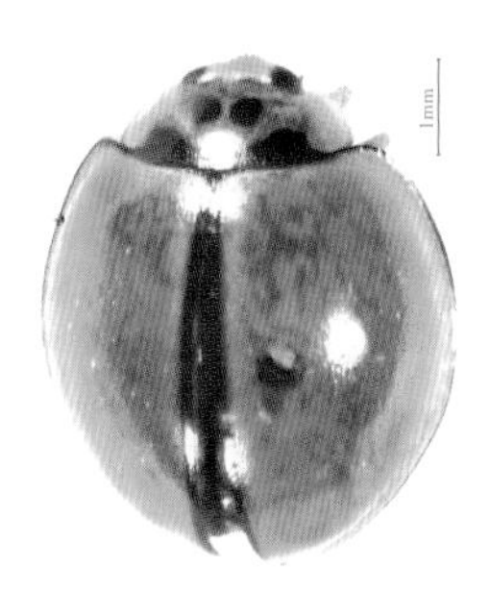

稻红瓢虫
Micraspis discolor

黑缘巧瓢虫
Oenopia kirbyi

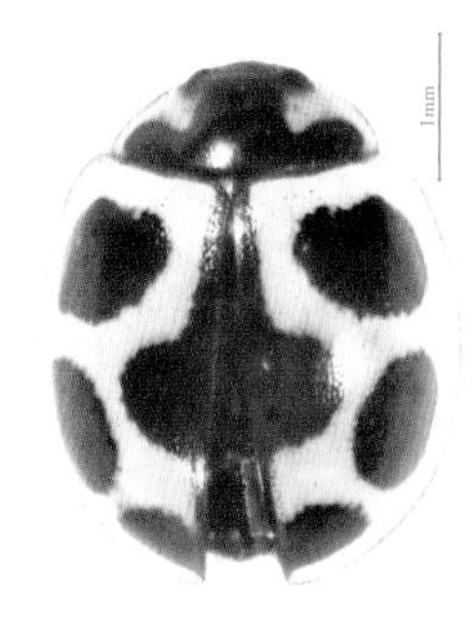

黄缘巧瓢虫
Oenopia sauzeti

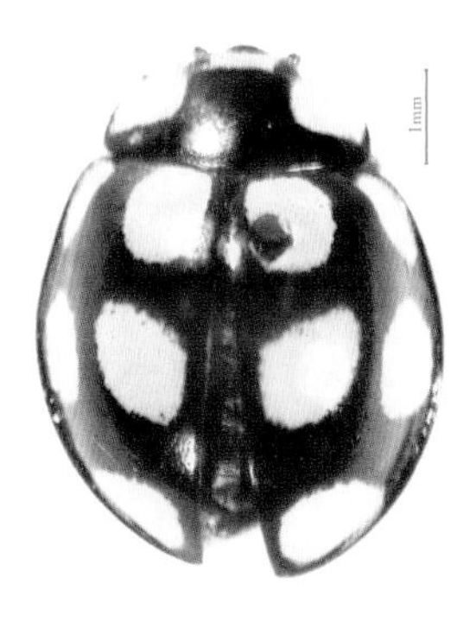

黄宝盘瓢虫
Pania luteopustulata

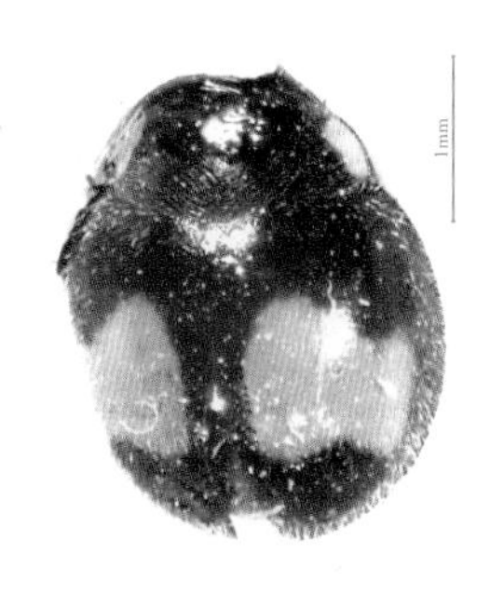

斧斑广盾瓢虫
Platynaspis angulimaculata

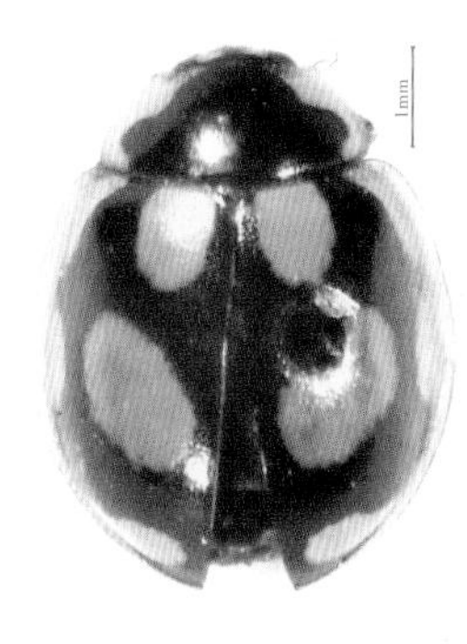

西南龟瓢虫
Propylea dissecta

图版 21

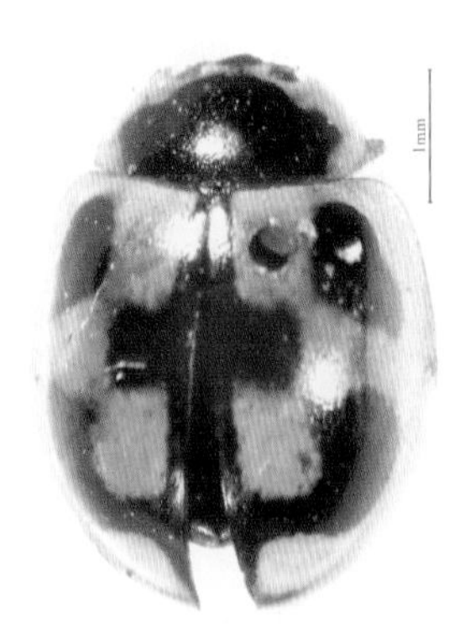

龟纹瓢虫
Propylea japonica

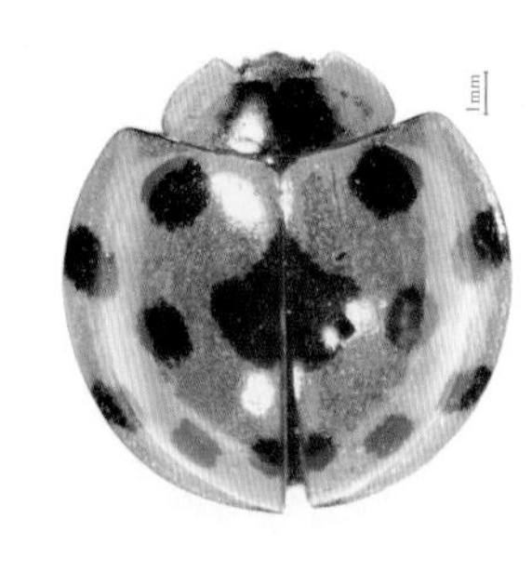

大突肩瓢虫
Synonycha grandis

眼斑芫菁
Mylabris cichorii

墨绿彩丽金龟
Mimela splendens

细角尤犀金龟
Eupatorus gracilicornis

橡胶木犀金龟
Xylotrupes gideon

萨姆环锹甲
Cyclommatus assamensis

二斑壮天牛
Alidus biplagiatus

皱胸粒肩天牛
Apriona rugicollis

图版 22

双带长毛天牛
Arctolamia fasciata

本天牛
Bandar pascoei

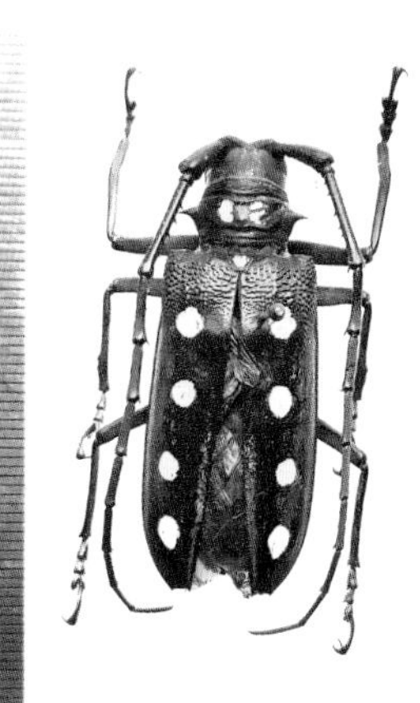

圆八星白条天牛
Batocera calana

橙斑白条天牛
Batocera davidis

云纹灰天牛
Blepephaeus infelix

麻点瘤象天牛
Coptops leucostictica

线纹羽角天牛
Eucomatocera vittata

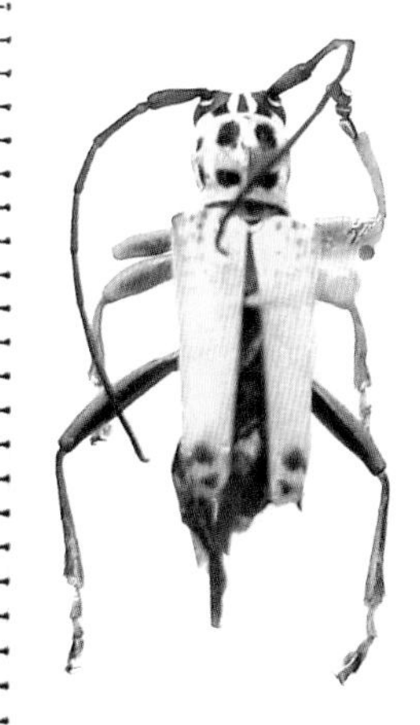

眉斑并脊天牛
Glenea cantor

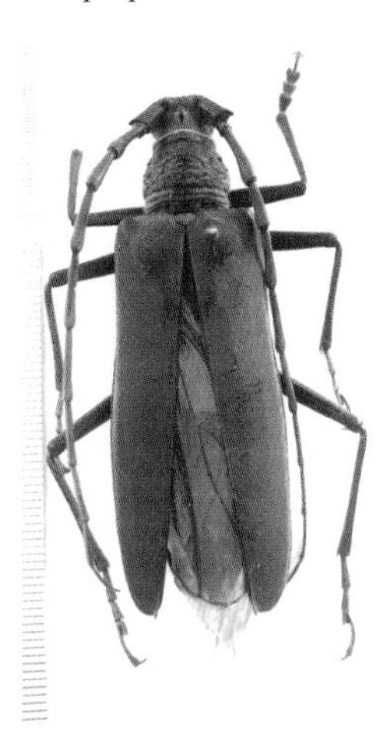

铜色肿角天牛
Neocerambyx grandis

图版 23

沟翅珠角天牛
Pachylocerus sulcatus

扁角天牛
Sarmydus antennatus

石梓蓑天牛
Xylorhiza adusta

合欢双条天牛
Xystrocera globosa

甘薯腊龟甲
Laccoptera guadrimaculata

甘薯小象
Cylas formicarius

长足大竹象
Cyrtotrachelus buqueti

大竹象
Cyrtotrachelus longimanus

黄纹卷象
Apoderus sexguttatus

图版 24

白背斑蠹蛾
Xyleutes leuconotus

梨豹蠹蛾
Zeuzera pyrina

赭缘绢野螟
Diaphania lacustralis

白斑黑野螟
Phlyctaenia tyres

蝶形锦斑蛾
Cyclosia papilionaris

茶柄脉锦斑蛾
Eterusia aedea

显脉球须刺蛾
Scopelodes venosa kwangtungensis

丝棉木金星尺蛾
Abraxas suspecta

云尺蛾
Buzura thibetaria

图版 25

八角尺蠖

Dilophodes elegans sinica

四川尾尺蛾

Ourapteryx ebuleata szechuana

川匀点尺蛾

Percnia belluaria sifanica

柿星尺蛾

Percnia giraffata

三排缘尺蛾

Pogonopygia pavidus

三线沙尺蛾

Sarcinodes aequilinearia

台湾镰翅绿尺蛾

Tanaorhinus formosanus

江浙垂耳尺蛾

Terpna iterand

玉臂黑尺蛾

Xandrames dholaria sericea

图版 26

窄带重舟蛾
Baradesa omissa

黑蕊尾舟蛾
Dudusa sphingiformis

大新二尾舟蛾
Neocerura wisei

梭舟蛾
Netria viridescens

葛藤掌舟蛾
Phalera cossioides

刺槐掌舟蛾
Phalera grotei

珠掌舟蛾
Phalera parivala

榆掌舟蛾
Phalera takasagoensis

绿茸毒蛾
Dasychira chloroptera

图版 27

闪光玫灯蛾
Amerila astreus

乳白斑灯蛾
Areas galactina

纹散灯蛾
Argina argus

一点拟灯蛾
Asota caricae

橙拟灯蛾
Asota egens

扭拟灯蛾
Asoto tortuosa

八点灰灯蛾
Creatonotos transiens

福建灯蛾
Macrobrochis fukiensis

铅闪拟灯蛾
Neochera dominia

图版 28

粉蝶灯蛾
Nyctemera adversata

洁雪灯蛾
Spilosoma pura

伊贝鹿蛾
Ceryx imaon

苎麻夜蛾
Arcte coerula

胡夜蛾
Calesia dasyptera

弓巾夜蛾
Dysgonia arcuata

无肾巾夜蛾
Dysgonia crameri

霉巾夜蛾
Dysgonia maturata

羊魔目夜蛾
Erebus caprimulgus

图版 29

卷裳魔目夜蛾
Erebus macrops

苹梢鹰夜蛾
Hypocala subsatura

蓝条夜蛾
Ischyja manlia

落叶夜蛾
Ophideres fullonica

枯安钮夜蛾
Ophiusa coronata

青安钮夜蛾
Ophiusa tirhaca

佩夜蛾
Oxyodes scrobiculata

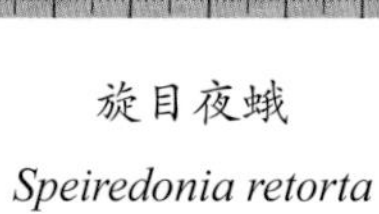

旋目夜蛾
Speiredonia retorta

桔肖毛翅夜蛾
Thyas dotata

图版 30

肖毛翅夜蛾
Thyas juno

鬼脸天蛾
Acherontia lachesis

葡萄缺角天蛾
Acocmeryx naga

葡萄天蛾
Ampelophaga rubiginosa

黄点缺角天蛾
Acosmeryx miskini

黄线天蛾
Apocalypsis velox

条背天蛾
Cechenena lineosa

平背天蛾
Cechenena minor

南方豆天蛾
Clanis bilineata bilineata

图版 31

茜草白腰天蛾
Deilephila hypothous

绒星天蛾
Dolbina tancrei

背线天蛾
Elibia dolichus

白薯天蛾
Herse convolvuli

后红斜线天蛾
Hippotion rafflesi

梨六点天蛾
Marumba gaschkewitschi camplacens

枇杷六点天蛾
Marumba spectabilis

栎鹰翅天蛾
Oxyambulyx liturata

鹰翅天蛾
Oxyambulyx ochracea

图版 32

橄榄鹰翅天蛾 *Oxyambulyx subocellata*

构月天蛾 *Parum colligata*

丁香天蛾 *Psilogramma increta*

霜天蛾 *Psilogramma menephron*

斜绿天蛾 *Rhyncholaba acteus*

斜纹天蛾 *Theretra clotho*

广东土色斜纹天蛾 *Theretra latreillei montana*

浙江土色斜纹天蛾 *Theretra latreillei lucasi*

青背斜纹天蛾 *Theretra nessus*

图版 33

芋双线天蛾
Theretra oldenlandiae

白眉斜纹天蛾
Theretra suffusa

冬青大蚕蛾
Attacus edwardsi

红尾大蚕蛾
Actias rhodopneuma

绿尾大蚕蛾
Actias selene ningpoana

钩翅大蚕蛾
Antheraea assamensis

柞蚕蛾
Antheraea pernyi

月目大蚕蛾
Caligula zuleika

点目大蚕蛾
Cricula andrei

图版 34

银杏大蚕蛾
Dictyoploca japonica

目豹大蚕蛾
Loepa damartis

鸮目大蚕蛾
Salassa olivacea

樗蚕蛾
Samia cynthia

树大蚕蛾
Syntherata bepoides

青球箩纹蛾
Brahmaea hearseyi

大燕蛾
Lyssa menoetius

金黄斑带蛾
Eupterote geminata

中华金带蛾
Eupterote chinensis

图版 35

褐带蛾
Palirisa cervina

丽江带蛾
Palirisa cervina mosoensis

裳凤蝶
Troides helena

暖曙凤蝶
Atrophaneura aidonea

统帅青凤蝶
Graphium agamemnon

银钩青凤蝶
Graphium eurypylus

青凤蝶
Graphium sarpedon

燕凤蝶
Lamproptera curia

绿带燕凤蝶
Lamproptera megas

图版 36

红珠凤蝶
Pachliopta aristolochiae

碧凤蝶
Papilio bianor

达摩凤蝶
Papilio demoleus

玉斑凤蝶
Papilio helenus

金凤蝶
Papilio machaon

美凤蝶
Papilio memnon

宽带凤蝶
Papilio nephelus

巴黎翠凤蝶
Papilio paris

玉带凤蝶
Papilio polytes

图版 37

蓝凤蝶
Papilio protenor

绿凤蝶
Pathysa antiphates

迁粉蝶
Catopsilia pomona

灵奇尖粉蝶
Appias lyncida

梨花迁粉蝶
Catopsilia pyranthe

青园粉蝶
Cepora nadina

优越斑粉蝶
Delias hyparete

报喜斑粉蝶
Delias pasithoe

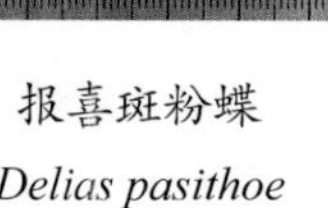

宽边黄粉蝶
Eurema hecabe

图版 38

橙粉蝶
Ixias pyrene

东方菜粉蝶
Pieris canidia

菜粉蝶
Pieris rapae

红肩锯粉蝶
Prioneris clemanthe

锯粉蝶
Prioneris thestylis

金斑蝶
Danaus chrysippus

虎斑蝶
Danaus genutia

幻紫斑蝶
Euploea core

黑紫斑蝶
Euploea eunice

图版 39

异型紫斑蝶
Euploea mulciber

绢斑蝶
Parantica aglea

黑绢斑蝶
Parantica melanea

大绢斑蝶
Parantica sita

青斑蝶
Tirumala limniace

啬青斑蝶
Tirumala septentrionis

白袖箭环蝶
Stichophthalma louisa

白带黛眼蝶
Lethe confusa

闪紫锯眼蝶
Elymnias malelas

图版 40

（稻）暮眼蝶
Melanitis leda

甘萨黛眼蝶
Lethe kansa

波纹黛眼蝶
Lethe rohria

玉带黛眼蝶
Lethe verma

文娣黛眼蝶
Lethe windhya

睇暮眼蝶
Melanitis phedima

小眉眼蝶
Mycalesis mineus

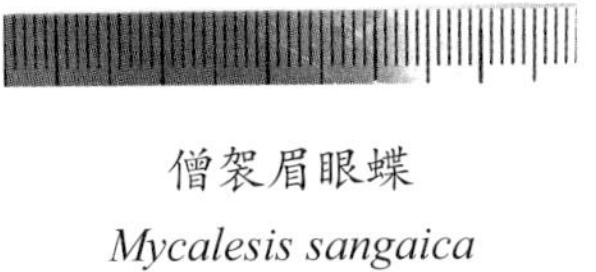

僧袈眉眼蝶
Mycalesis sangaica

蒙链荫眼蝶
Neope muirheadi

图版 41

斐豹蛱蝶
Argyreus hyperbius

波蛱蝶
Ariadne ariadne

珠履带蛱蝶
Athyma asura

相思带蛱蝶
Athyma nefte

玄珠带蛱蝶
Athyma perius

红锯蛱蝶
Cethosia biblis

白带锯蛱蝶
Cethosia cyane

黄襟蛱蝶
Cupha erymanthis

网丝蛱蝶
Cyrestis thyodamas

图版 42

绿蛱蝶
Dophla evelina

暗斑翠蛱蝶
Euthalia monina

矛翠蛱蝶
Euthalia aconthea

白裙翠蛱蝶
Euthalia lepidea

尖翅翠蛱蝶
Euthalia phemius

黑脉蛱蝶
Hestina assimilis

蒺藜纹脉蛱蝶
Hestina nama

幻紫斑蛱蝶
Hypolimnas bolina

美眼蛱蝶
Junonia almana

图版 43

波纹眼蛱蝶
Junonia atlites

黄裳眼蛱蝶
Junonia hierta

钩翅眼蛱蝶
Junonia iphita

蛇眼蛱蝶
Junonia lemonias

翠蓝眼蛱蝶
Junonia orithya

枯叶蛱蝶
Kallima inachus

蓝豹律蛱蝶
Lexias cyanipardus

穆蛱蝶
Moduza procris

中环蛱蝶
Neptis hylas

图版 44

弥环蛱蝶
Neptis miah

娜环蛱蝶
Neptis nata

小环蛱蝶
Neptis sappho

中华卡环蛱蝶
Neptis sinocartica

丽蛱蝶
Parthenos sylvia

珐蛱蝶
Phalanta phalantha

肃蛱蝶
Sumalia daraxa

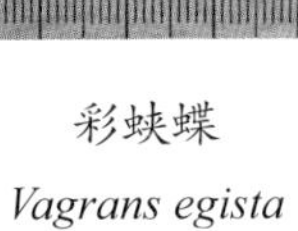

彩蛱蝶
Vagrans egista

小红蛱蝶
Vanessa cardui

图版 45

文蛱蝶
Vindula erota

苎麻珍蝶
Acraea issoria

棒纹喙蝶
Libythea myrrha

大斑尾蚬蝶
Dodona egeon

豆粒银线灰蝶
Spindasis syama

双尾灰蝶
Tajuria cippus

亮斑扁角水虻
Hermetia illucens

印度带芒水虻
Tinda indica

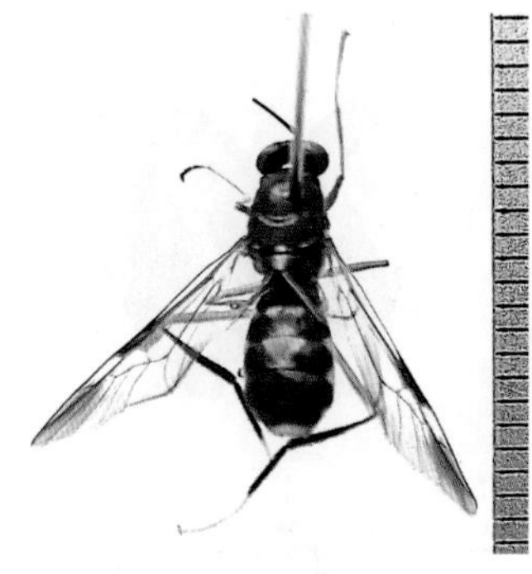

长刺毛面水虻
Campeprosopa longispina

图版 46

中华姬蜂虻
Systropus chinensis

茅氏姬蜂虻
Systropus maoi

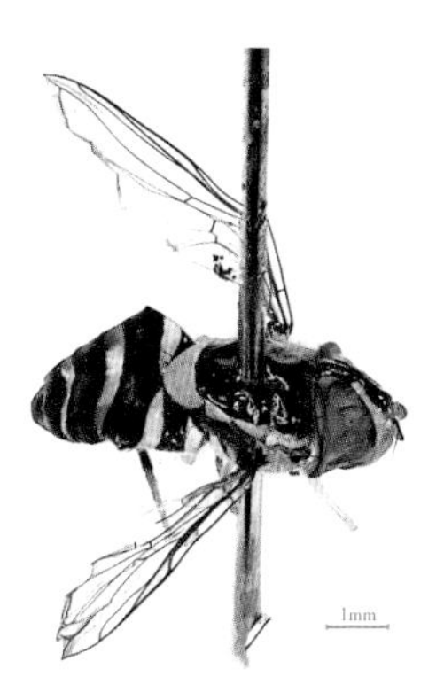

爪哇异食蚜蝇
Allograpta javana

切黑狭口食蚜蝇
Asarkina ericetorum

棕腹长角蚜蝇
Chrysotoxum baphrus

离缘垂边食蚜蝇
Epistrophe grossulariae

黑股斑眼蚜蝇
Eristalinus paria

亮黑斑眼蚜蝇
Eristalinus tarsalis

黄边平颜蚜蝇
Eumerus figurans

图版 47

灰带管蚜蝇
Eristalis cerealis

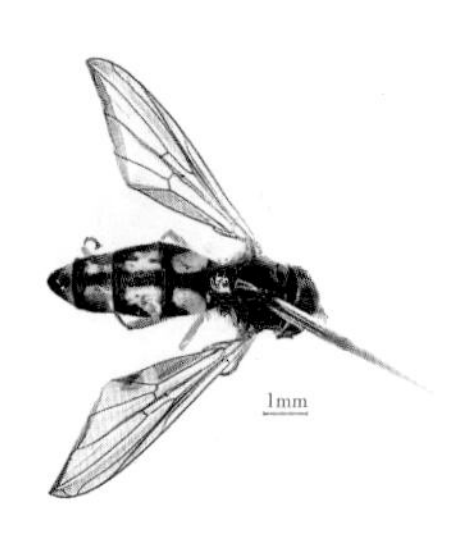

东方墨蚜蝇
Melanostoma orientale

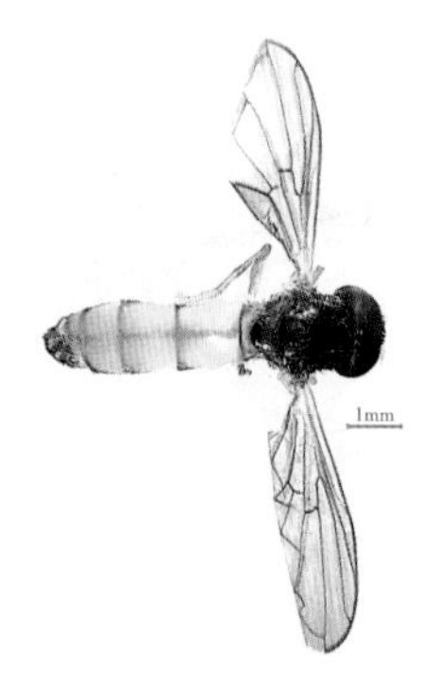

直颜墨蚜蝇
Melanostoma univitatum

斑腹粉颜蚜蝇
Mesembrius bengalensis

锯盾小蚜蝇
Paragus crenulatus

刻点小蚜蝇
Paragus tibialis

裸芒宽盾蚜蝇
Phytomia errans

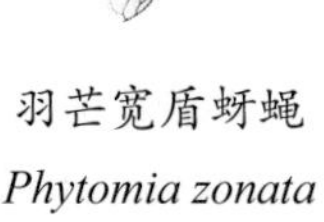

羽芒宽盾蚜蝇
Phytomia zonata

东方粗股蚜蝇
Syritta orientalis

图版 48

大足棒巴蚜蝇

Spheginobaccha macropoda

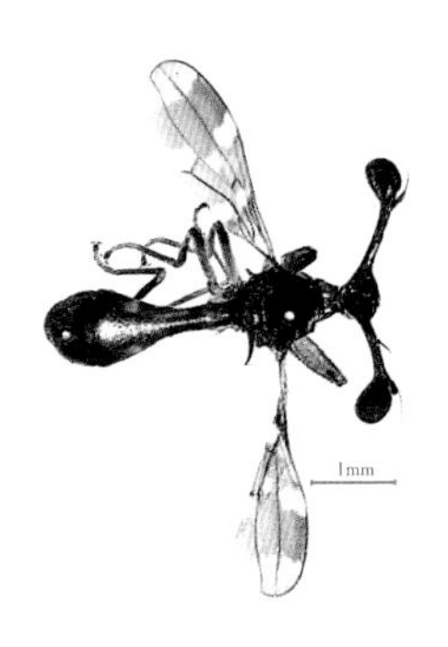

平曲突眼蝇

Cyrtodiopsis plauto

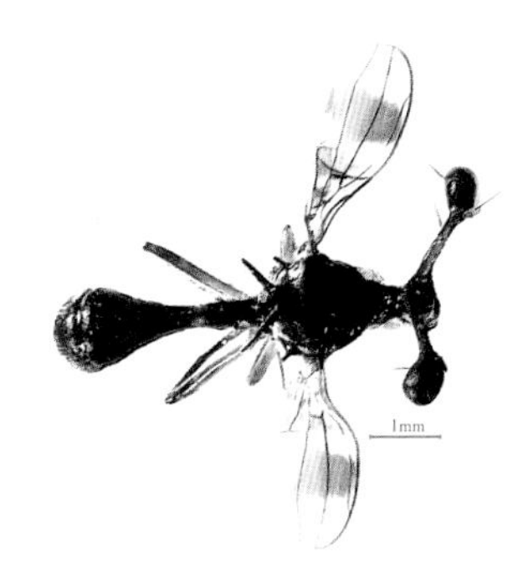

陈氏泰突眼蝇

Teleopsis cheni

桔小实蝇

Bactrocera dorsalis

黑膝实蝇

Bactrocera scutellaris

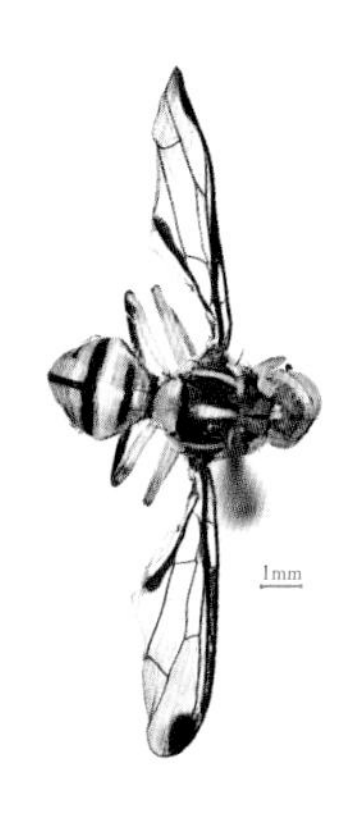

南瓜实蝇

Bactrocera tau

广旗腹蜂

Evania appendigaster

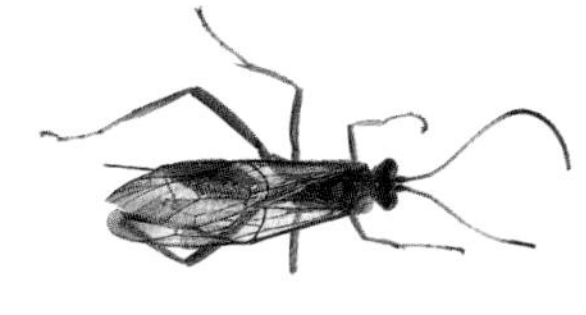
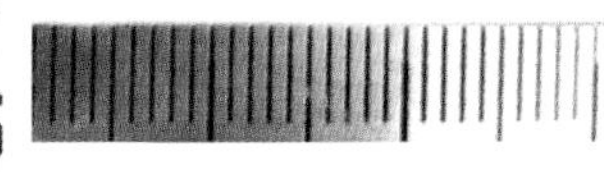

黄色曼姬蜂

Mansa fulvipennis

乐黑点瘤姬蜂

Xanthopimpla naenia

图版 49

宾氏双节行军蚁
Aenictus binghami

细足捷蚁
Anoplolepis gracilipes

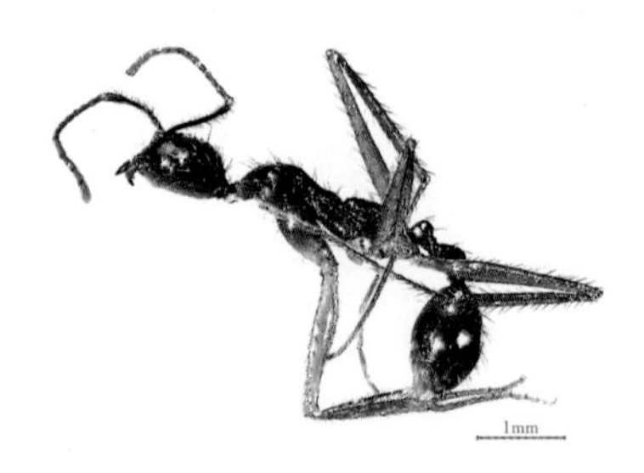

贝卡盘腹蚁
Aphaenogaster beccarii

舒尔盘腹蚁
Aphaenogaster schurri

安宁弓背蚁
Camponotus anningensis

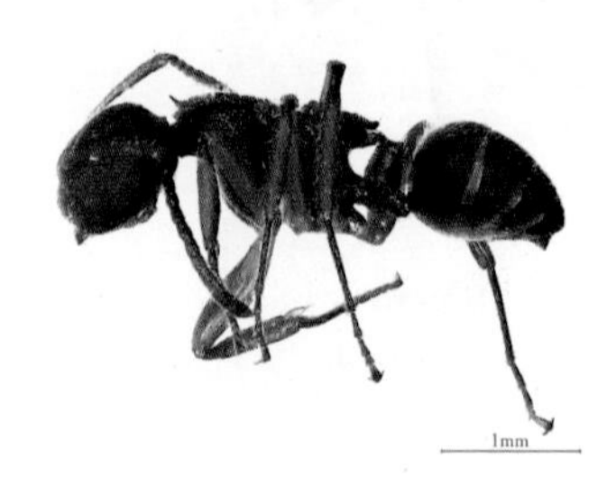

毛钳弓背蚁
Camponotus lasiselene

平和弓背蚁
Camponotus mitis

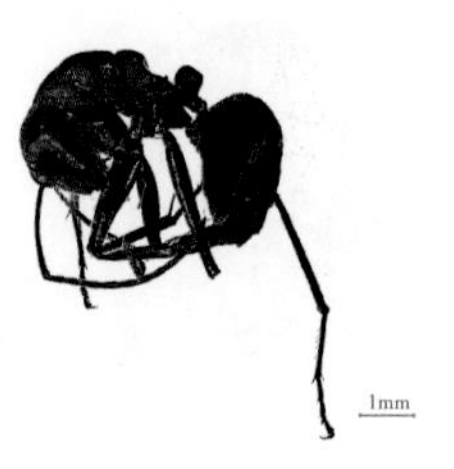

截胸弓背蚁
Camponotus mutilarius

图版 50

巴瑞弓背蚁
Camponotus parius

红头弓背蚁
Camponotus singularis

罗氏心结蚁
Cardiocondyla wroughtonii

粒沟切叶蚁
Cataulacus granulatus

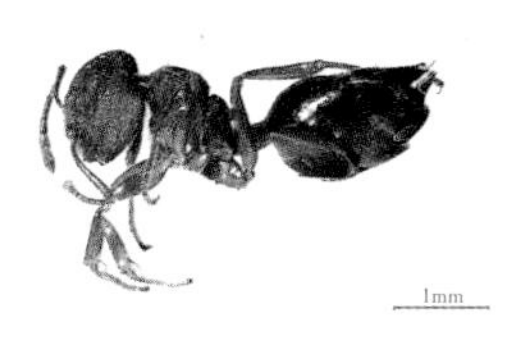

粗纹举腹蚁
Crematogaster artifex

立毛举腹蚁
Crematogaster ferrarii

罗思尼举腹蚁
Crematogaster rothneyi

邻臭蚁
Dolichoderus affinis

图版 51

费氏臭蚁
Dolichoderus feae

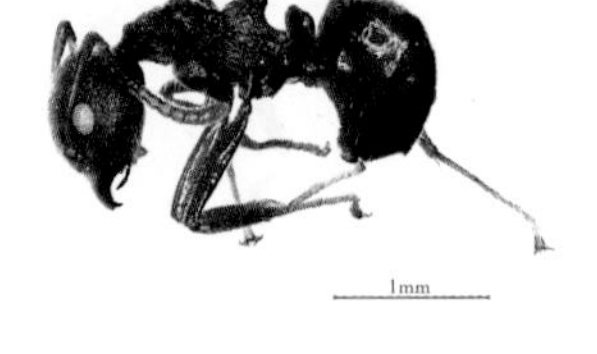

凹头臭蚁
Dolichoderus incisus

鞍背臭蚁
Dolichoderus sagmanotus

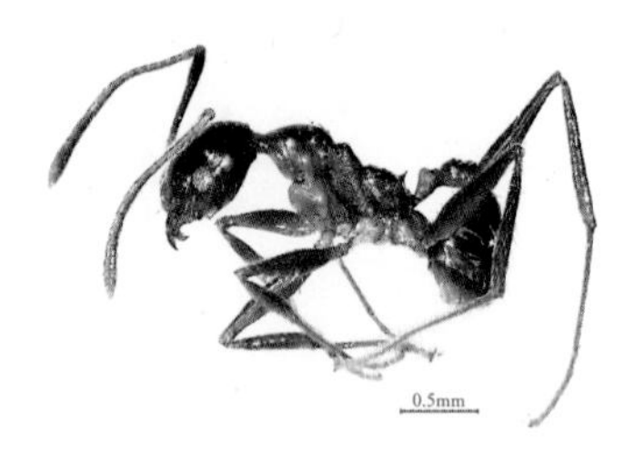

宽结摇蚁
Erromyrma latinodis

尼约斯无刺蚁
Kartidris nyos

玉米毛蚁
Lasius alienus

暗淡刺结蚁
Lepisiota opaca

网纹刺结蚁
Lepisiota reticulata

图版 52

扁平虹臭蚁
Iridomyrmex anceps

光滑盾胸切叶蚁
Meranoplus laeviventris

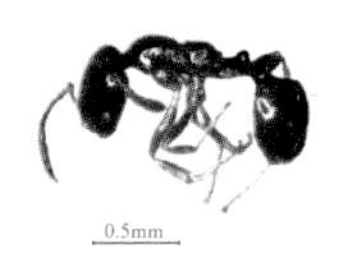

中华小家蚁
Monomorium chinense

法老小家蚁
Monomorium pharaonis

褐色脊红蚁
Myrmicaria brunnea

缅甸尼氏蚁
Nylanderia birmana

布氏尼氏蚁
Nylanderia bourbonica

黄猄蚁
Oecophylla smaragdina

图版 53

长角立毛蚁
Paratrechina longicornis

暗立毛蚁
Paratrechina umbra

印度大头蚁
Pheidole indica

棒刺大头蚁
Pheidole spathifera

沃森大头蚁
Pheidole watsoni

伊大头蚁
Pheidole yeensis

邻巨首蚁
Pheidologeton affinis

阿禄斜结蚁
Plagiolepis alluaudi

图版 54

罗思尼斜结蚁
Plagiolepis rothneyi

双齿多刺蚁
Polyrhachis dives

奇多刺蚁
Polyrhachis hippomanes

伊劳多刺蚁
Polyrhachis illaudata

邻居多刺蚁
Polyrhachis proxima

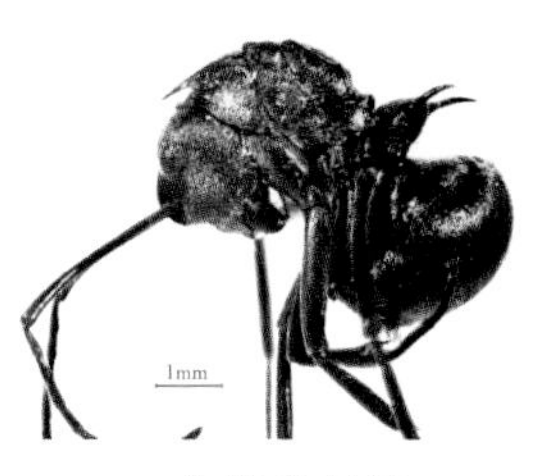

方肩多刺蚁
Polyrhachis cornihumera

黑腹前结蚁
Prenolepis melanogaster

双针棱胸切叶蚁
Pristomyrmex pungens

图版 55

普通拟毛蚁
Pseudolasius familiaris

黑头酸臭蚁
Tapinoma melanocephalum

白足狡臭蚁
Technomyrmex albipes

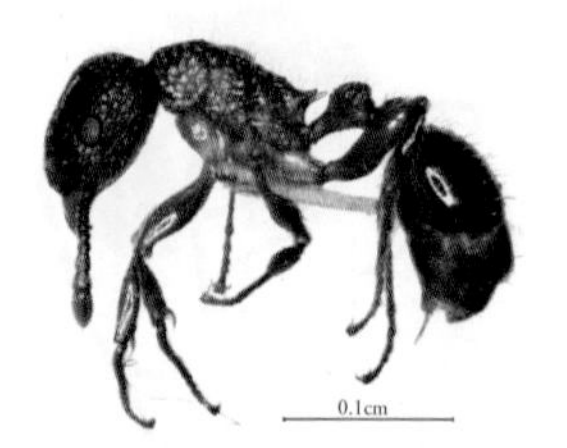

阿普特铺道蚁
Tetramorium aptum

光颚铺道蚁
Tetramorium insolens

拉帕铺道蚁
Tetramorium laparum

史氏铺道蚁
Tetramorium smithi

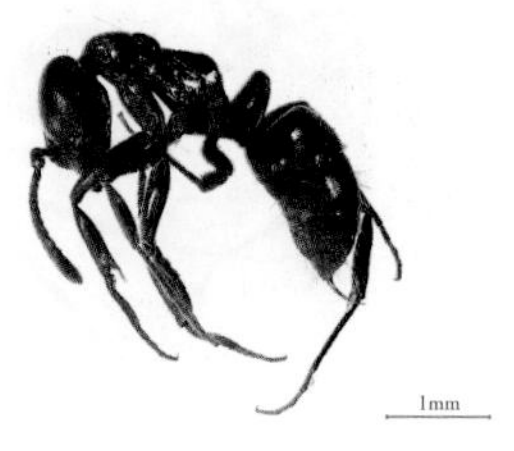

黄足短猛蚁
Brachyponera luteipes

图版 56

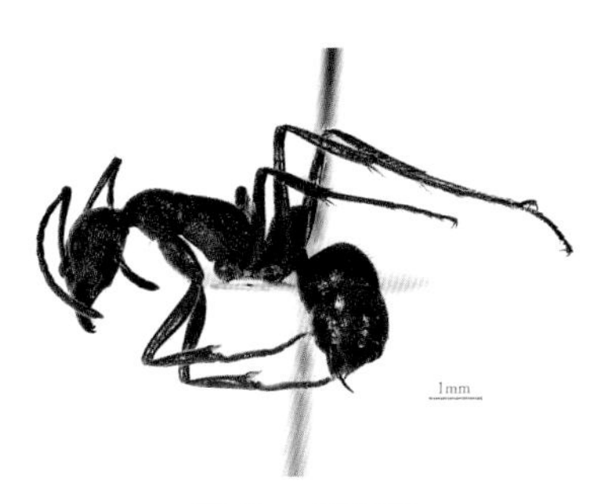

聚纹双刺猛蚁
Diacamma rugosum

郑氏扁头猛蚁
Ectomomyrmex zhengi

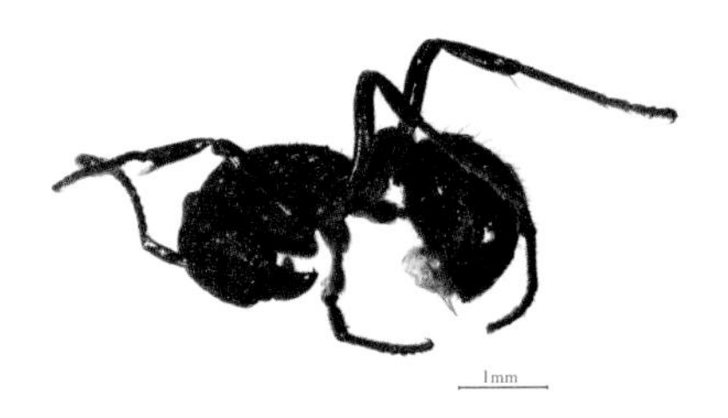

双色曲颊猛蚁
Gnamptogenys bicolor

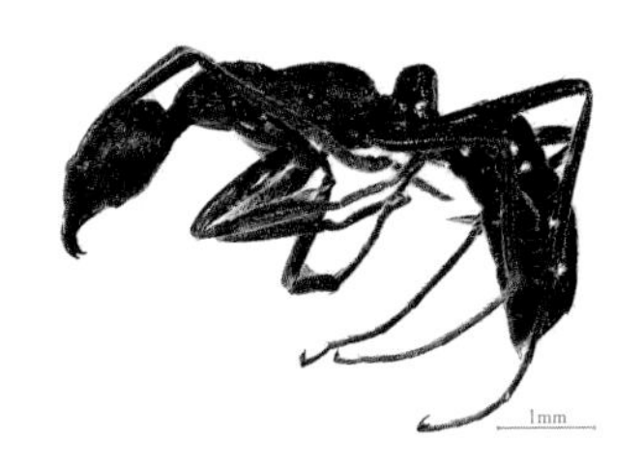

条纹细颚猛蚁
Leptogenys diminuta

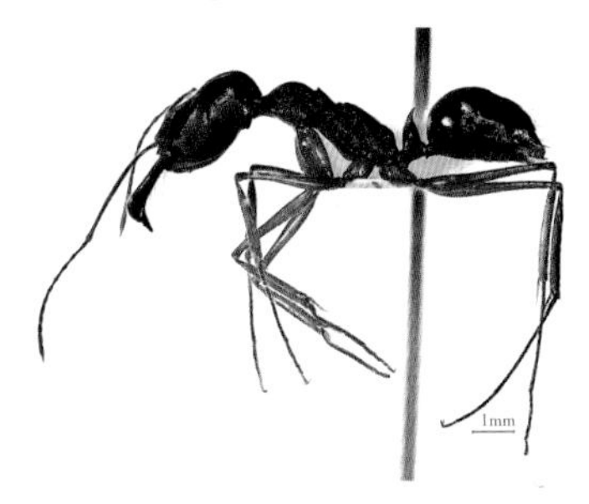

环纹大齿猛蚁
Odontomachus circulus

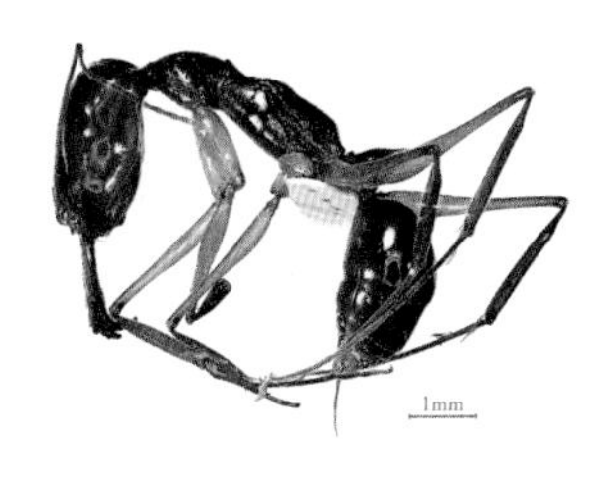

争吵大齿猛蚁
Odontomachus rixosus

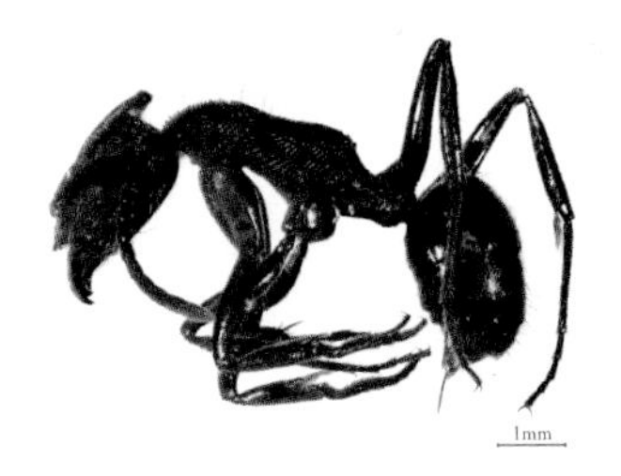

横纹齿猛蚁
Odontoponera transversa

红足修猛蚁
Pseudoneoponera rufipes

图版 57

细金粒青蜂
Chrysis lapislazulina

红足泥蜂
Ammophila atripes

赛氏沙泥蜂赛氏亚种
Ammophila sickmanni sickmanni

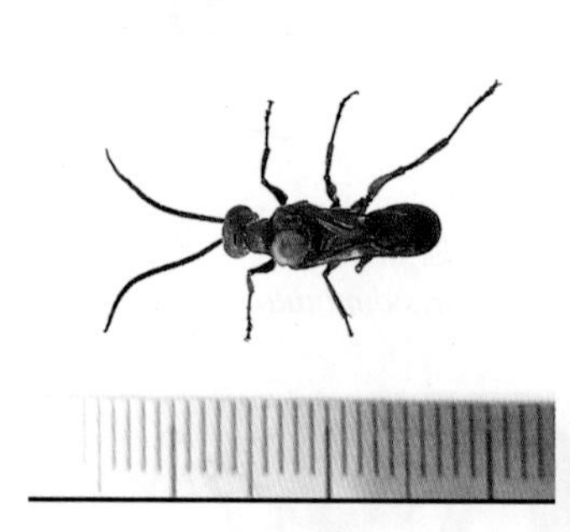

绿长背泥蜂
Ampulex compressa

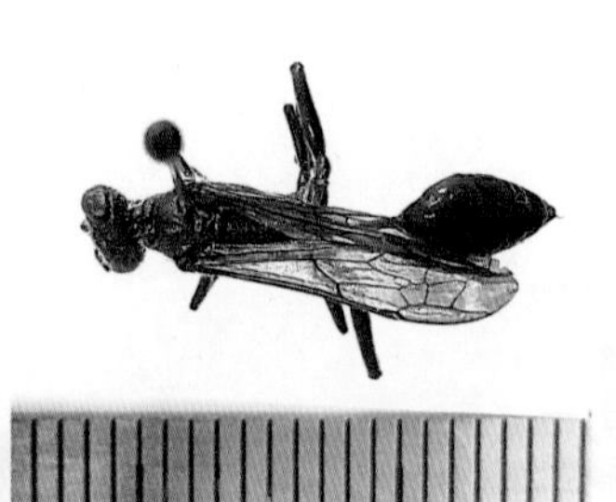

日本蓝泥蜂
Chalybion japonicum

毛斑锯泥蜂
Prionyx viduatus

黄柄壁泥蜂
Sceliphron madraspatanum

白毛泥蜂
Sphex argentatus

黑毛泥蜂
Sphex haemorrhoidalis

图版 58

蓝三节长背泥蜂
Trirogma caerulea

光唇普罗蚁蜂
Promecilla levinaris

可疑驼盾蚁蜂岭南亚种
Trogaspidia suspiciosa lingnani

白毛长腹土蜂
Campsomeris annulata

金毛长腹土蜂
Campsomeris prismatica

巧啄蜾蠃
Antepipona deflenda

原野华丽蜾蠃
Delta campaniforme esuriens

大华丽蜾蠃
Delta petiolata

点蜾蠃
Eumenes pomiformis

图版 59

中华唇蜾蠃
Eumenes labiatus

日本佳盾蜾蠃
Euodynerus nipanicus

弓费蜾蠃
Phiflavopunctatum continentale

黄喙蜾蠃
Rhynchium quinquecinctum

妙奇异蛛蜂
Atopopompilus daedalus

淆弯沟蛛蜂
Cyphononyx confusus

红尾捷蛛蜂
Tachypomplius analis

平唇原胡蜂
Provespa barthelemyi

三齿胡蜂
Vespa analis parallela

图版 60

黄腰胡蜂
Vespa affinis

黑盾胡蜂
Vespa bicolor

褐胡蜂
Vespa binghami

金环胡蜂
Vespa mandarinia

黄纹大胡蜂
Vespa soror

黄脚胡蜂
Vespa velutina

大金箍胡蜂
Vespa tropica leefmansi

细黄胡蜂
Vespula flaviceps

丽真狭腹胡蜂
Eustenogaster seitula

图版 61

香港铃腹胡蜂
Ropalidia hongkongensis

印度侧异腹胡蜂
Parapolybia indica

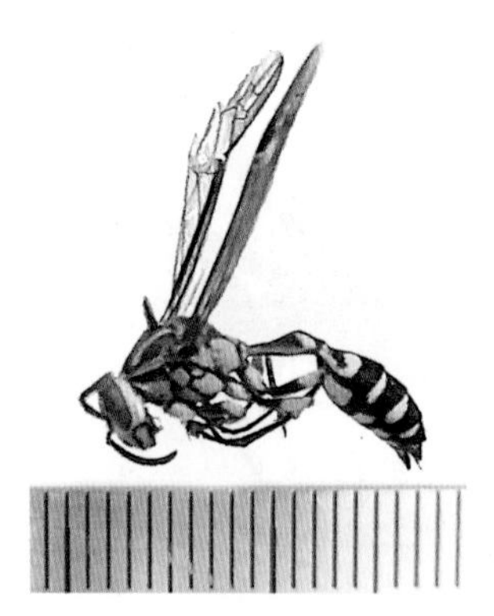

变侧异腹胡蜂
Parapolybia varia

焰马蜂
Polistes adustus

棕马蜂
Polistes gigas

黄裙马蜂
Polistes sagittarius

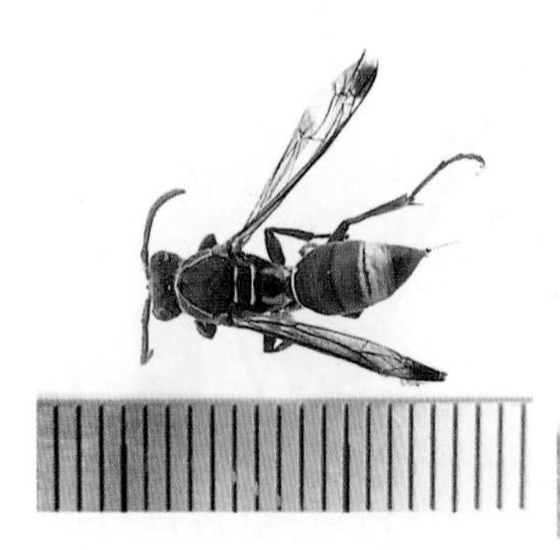

点马蜂
Polistes stigma

黄绿彩带蜂
Nomia strigata

斑翅彩带蜂
Nomia terminata

图版 62

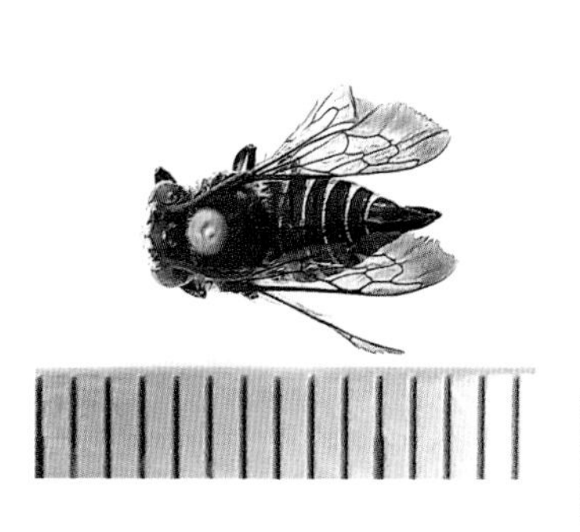

短腹尖腹蜂
Coelioxys breviventris

多赤腹蜂
Euaspis polynesia

黄刷切叶蜂
Megachile igniscopata

绿条无垫蜂
Amegilla zonata

甜无垫蜂
Amegilla dulcifera

黑跗无垫蜂
Amegilla nigritarsis

排蜂
Apis dorsata

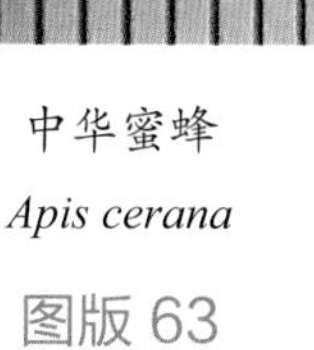

中华蜜蜂
Apis cerana

黑大蜜蜂
Apis laboriosa

图版63

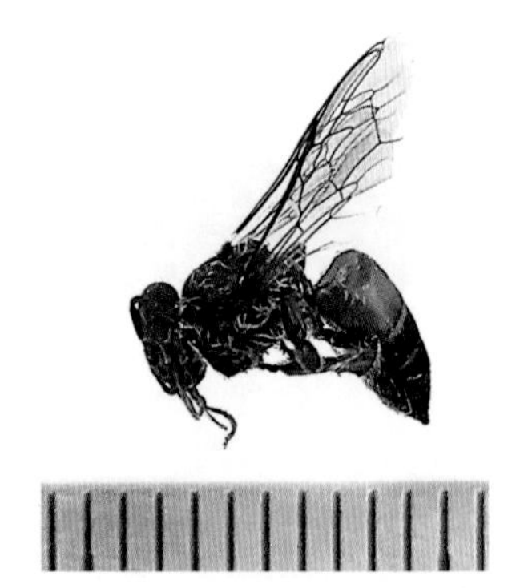

小蜜蜂
Apis florea

意大利蜂
Apis mellifera

疏熊蜂
Bombus remotus

黄熊蜂
Bombus flavescens

瑞熊蜂
Bombus separandus

拟黄芦蜂
Ceratina hieroglyphica

凹盾斑蜂
Crocisa emarginata

蓝胸木蜂
Xylocopa caerulea

黄黑木蜂
Xylocopa flavonigrescens

图版 64